LOCUS

LOCUS

LOCUS

LOCUS

Smile, please

smail 110

不一樣時代，新手媽咪要的不一樣

作者：蔡佩樺

責任編輯：劉鈴慧

美術設計：林家琪

法律顧問：全理法律事務所董安丹律師

出版者：大塊文化出版股份有限公司

台北市10550南京東路四段25號11樓

www.locuspublishing.com

讀者服務專線：0800-006689

TEL：(02) 87123898　FAX：(02) 87123897

郵撥帳號：18955675　戶名：大塊文化出版股份有限公司

版權所有　翻印必究

總經銷：大和書報圖書股份有限公司

地址：新北市五股工業區五工五路2號

TEL：(02) 89902588 (代表號)　FAX：(02) 22901658

製版：瑞豐實業股份有限公司

初版一刷：2012年12月

定價：新台幣 250元

ISBN： 978-986-213-396-5

Printed in Taiwan

不一樣時代,
職場新手媽咪
要的不一樣

蔡佩樺 著

目錄

1　報告，我要當媽咪嘍

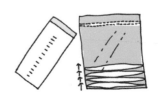

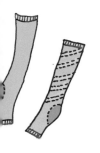

如何度過這段人生中最重要且喜悅的日子

時常聽到許多準媽媽們詢問我懷孕須要注意什麼？吃什麼寶寶才會長得又快又好？產後又要怎麼調養身體及準備開始面對職場生涯？

說實在的，如果不是親身經歷懷孕的過程，還真的無法給予正確的方法及建議，但是看完了佩樺的圖文書集，裡頭詳細記載著從懷孕到生產至產後的恢復及工作紀事，彷彿一同與作者經歷了懷胎十月的辛苦歷程。

尤其書中介紹許多從懷孕一直到產後需要使用的用品，不是廠商推銷，而是實際使用，甚至還有比較優缺點。不只綜合醫生告知的觀點，同時也網羅了網路經驗和親身經驗，這對於很多新手媽媽們而言，是最要的中肯建議，並可以把此書當參考工具書籍看。

這本圖文並茂的懷孕日記，運用詼諧的筆法及詳細的圖解，娓娓道來準媽媽們所經歷過的酸、甜、苦、辣。相信所有懷孕或未懷孕，但有計劃生產的準媽媽們都必備此聖經寶典。

不只是產婦，準爸爸或是家人們都可以參考此書，與準媽媽一同學習如何度過這段人生中最重要且喜悅的日子。

李素華 前台安醫院護理部督導

很懂又很熱心的過來人

雖然已經是好久前的事了，但我確實記得從得知自己懷孕的第一刻起，是多麼瘋狂地渴求知識，該吃什麼？該穿什麼？什麼姿勢睡覺？聽什麼音樂？

只要對肚子裡的孩子好，什麼道聽塗說都好奇。那真是兩段（我生了兩個）奇特又美好的時光。而且連第二次也一樣，還是狂熱地需求一切這方面的知識。

所以我相信，所有孕婦都會需要這本書，因為內容設身處地、清楚實用、細心體貼完成資訊整理，再搭配上令人莞爾的插圖，和真誠輕鬆的心得分享，大大加分。

閱讀的過程就像是有位很懂又很熱心的過來人，在妳旁邊，苦口婆心地提醒著準媽媽各種注意事項，讓人可以放心面對充滿期待的未知。實在佩服佩樺，還真的是位「很懂又很熱心的過來人」，能在自己把孩子生下來的同時，也把這本書給生出來，滿足廣大孕婦們的求知慾。

詹怡宜 TVBS新聞部總監

幫新手媽媽變達人

懷孕對女人來說是非常特別的經歷，無論心理抑或生理都有著前所未有的大改變。

比方懷孕初期，心情會有如月亮般陰晴圓缺，時喜時憂、起伏不定；而生理變化更是明顯，除了一眼可見越來越大的肚子，初期有惱人的孕吐來宣告的確懷孕，接著有些孕婦的皮膚會有些小狀況，再來又要面對腳水腫、腿抽筋、妊娠紋……等等問題，對第一次懷孕的女人來說，面對這些紛至沓來的小問題真不知該如何應付，更別說還想在懷孕時期好好補補身體，把肚子裡的小寶貝養得頭好壯壯！

除了詢問醫師和乖乖地網路爬文找資料，坊間關於懷孕生產的書多如牛毛，要找到一本簡單、易讀、且幫孕婦畫對重點的工具書，可真是眾裡尋它千百度，折煞敏感疲累的上班族準媽媽。

很高興我可以讀到這本書，正是每一位懷孕女人最想拿在手上的「準媽媽使用手冊」。蔡佩樺小姐將孕婦的憂慮與需要藉由簡單可愛的圖文，鉅細靡遺地分成懷孕、生產、重回職場三階段描繪出來，把所有準媽媽在討論、在猶豫的大小事項，都寫進這本書裡。

時間寶貴的上班族媽媽不但可藉由前輩的經驗談，得到最想

知道的資訊及問題的解決之道，也可為迎接寶寶的到來做最周全的準備。推薦這本可愛又實用的工具書，有了它，每位準媽媽都會是懷孕達人！

黃正瑾 親子作家

為什麼我要寫這本書

這不是一本育兒的書，也不是嬰兒用品的書。

這是我的親身經歷，一本專門給新手媽咪們的心得分享，從懷孕生產到產後重回職場的書。

在我開始有這個構想之前，就像一般的職業婦女一樣，我每天的生活重心就是上班，直到懷孕了，小寶寶進入我的生活。懷孕的初期，因為上班忙碌，很難有時間上網查詢一些孕期應該知道的知識，只能透過去書店隨手抓一本，來了解現在我身體的狀況。但坊間很多書籍都是單就飲食、月子、生產分開介紹，很少有從產前到產後通盤介紹的，更少是站在我這個職業婦女的角度講解。

懷孕中期，我發現書上很多教學方法，對於我這個全天上班忙碌的人，是不受用的，例如飲食書籍教的大補湯，我一邊工作又自己一人住，沒有媽媽婆婆和任何親友的協助，根本很難製作書上教學的任何進補食品；或是書上介紹的運動，我每天上班到晚上十點，回家已經精疲力竭，根本也沒辦法照著做任何的步驟。

於是我秉持著神農氏嘗百草的精神，開始一有時間就上網搜尋，及自己親身嘗試出各種適合上班的我所需要的東西。我需要可以隨手取得、方便購買的進補食物，也需要可以快速緩和

我腰痛和水腫的器具，或是簡易卻很有效的運動等等，這一切都是自己體驗出來的。

　　產後，我也開始在思考重回職場所必須要的準備，很多書籍介紹的都是產後如何育兒，對於一個上班族婦女，育兒很重要，但是上班族媽媽要如何在規律的在工作與孩子之間，轉換角色是更重要的；這些包括我該如何繼續擠奶，用母奶哺餵我的孩子，還有該用什麼教養方法，才會最適合我這樣的職業婦女。

　　正好在這段時間，我的身邊有開始很多上班的朋友，紛紛懷孕準備生產，我發現大家都面臨著和以前我一樣的問題，這些書都不大適用於我們這些上班族媽媽，我們需要快速知道什麼可以幫助我們。

　　我的新手媽咪過程，可以讓很多上班族媽咪，不需要浪費時間就立刻上手，而且站在新時代職場媽咪的立場，去介紹當母親所需要的東西，不管是產前、生產、或是產後，希望可以幫助所有的上班族媽咪，不需要和我一樣浪費時間、金錢去摸索嘗試，而可以快速又快樂的上手。

　　這本書的誕生，要感謝一直支持我的先生；還有我的母親，我是到當媽後才深知當媽的辛苦；當然，還有我的寶貝，謝謝你讓我體驗這美好的媽媽人生！

蔡佩樺

1

報告，我要當媽咪嘍

哇！我有了⋯⋯

每個上班族媽媽都要有一套自己的孕婦上班守則，這當中作息很重要，同時也要和同事與主管溝通好，才可以心無旁鶩的安心上班唷。

好多事情都忙不完...

簡報　　　　　　　記錄

開會　　　　　　　分析

資料整理　　　　　聚餐

未懷孕的時候，身體總是隨時可以激發很高速的腎上腺素，上班神采奕奕，無論多累都可以衝衝衝。

但是懷孕後，每個月身體都在變化，寶寶就像個可愛的小小吸血鬼一樣吸著媽咪的精、氣、神，作息只要沒有調配好，煩躁的心情加上工作的緊繃，很容易讓媽媽心情低落，嚴重者更會有產前憂鬱。

對懷孕媽媽而言，早起上班是很辛苦的一個差事，因為容易晨吐和暈眩，所以早上如果可以的話盡量讓自己時間充裕點。時間允許，比懷孕前早半個小時起床是很好的。預防晨吐和噁心可以請先生拿一些蘇打餅乾，在床上先吃，休息片刻後再起床梳洗。

早餐吃太多油膩的食物可是會加深噁心感覺，這時候吃一點水果當早餐是很好的方式。記得不要吃太酸的，對早起的胃很不好，這時候蘋果、香蕉、芭樂、水梨……

都是很好的早餐選擇。配上不油膩的吐司，或是其他清淡的麵包或白粥，都是很好的早餐選項。

如果有孕吐的媽咪，可以每天在包包裡頭準備一個塑膠袋，以備不時之需，有時候坐車可是很容易噁心想吐的。

我懷孕的時候，正是事業最繁忙的時候，懷孕初期還不知道有孩子了，一樣當個忙碌的空中飛人，奔波在亞洲各地出差，忙到透不過氣。

正因為太繁忙，身體也很糟，早期的孕吐非常的嚴重，這也是為什麼我領悟出：必須調整作息，讓自己可以兼顧工作與身體狀況。

一早的趕上班，對每個身為上班族的準媽咪而言，都是很痛苦的；尤其是嚴重晨吐如我，一天可以數吐，早上坐起床第一吐，吃早餐中途第二吐，吃完早餐第三吐，出門坐車第四吐，到公司後第五吐。

於是我細細研發屬於自己身體的「抗吐守則」，正如

之前所説的， 一早起床坐起來前，因為肚子已經屬於超級飢餓狀態，一定要吃點墊底的東西，然後保持快樂悠閒的心情梳洗， 不然緊張一定又會再加一吐。

出門也是很苦情的，尤其是上班時間人擠人，那種交通工具上眾人的體味、汗味，夾雜各種香水、古龍水、髮油味……都會加速我的嘔吐；剛開始我想戴著口罩可能好一點，結果因為太悶，也悶吐了。

後來乾脆每天包包裡都放幾個塑膠袋， 想吐的時候就大吐特吐，最猛的一次，忍不住就直接在地鐵上吐。但吐完之後，總會有一種置之死地而後生的舒服，不知道算不算是特異體質？

我的
心得分享

建議各位上班族準媽咪們，早上盡量讓自己有很充裕的時間做前置工作，以往可能一小時可以出門，但懷孕後，可能會多賴床二三十分鐘。如果不想更早起犧牲睡眠時間的話，早點上床睡覺，畢竟充足的睡眠，對寶寶的吸收與成長，都是很有幫助的。

隨時竄出來的飢餓感

　　上班族的準媽咪，身體和以前最大的不同，是開始會非常的飢餓。無論白天或夜晚，經常都會處在吃不飽的狀態。

　　飲料是我在上班時間快速止餓的「食物」，喝飲料比起直接吃東西，也不容易影響同一辦公室的其他同事觀感。

豆漿有大豆蛋白也有人說喝了寶寶會白嫩嫩

牛奶可以補充媽媽和寶寶需要的鈣質

媽媽需要大量的水分喔

但請不要吃糖分過高的飲料，對寶寶和媽媽都沒有幫助，推薦的有：豆漿、牛奶或是礦泉水，因為礦泉水有微量元素，在歐洲有些醫生會推薦孕婦補充礦泉水。

　　通常我還會準備一個保鮮盒，放滿一天的點心，另外加上補湯和雞精這類可用喝的食物，上班「悄悄進食」時比較不會尷尬，同時又可以補充養分。

　　水果可以選擇大量糖分不高的為主，以避免妊娠糖尿，蘇打餅乾也是很好的點心，不會增加過多的熱量。每個媽媽體質不同，每天換些不一樣的水果，口味不同，讓自己心情也會好一些。

補湯

雞精或燕窩等補品飲料

糖分不高的水果

蘇打餅乾

在懷孕時期，常常會有這種想法：「明明剛剛才吃過早餐，為什麼現在就餓了？」或是「之前想吃的是蘋果啊，可是現在超想吃葡萄的。」

在懷孕的時候真的很容易飢餓和想東想西，所以我在孕期，每天上班都會攜帶一個密封保鮮盒， 來應付自己隨時到來的飢餓感。

剛開始不知道自己那麼容易變換口味，所以都只準備一種水果，結果幾次下來發現，我經常會在吃某一種水果幾片後，忽然有一種膩了的感覺。後來只好偷偷小蹺班出去打獵，尋找些別的野味解饞。

之後學乖了，就多帶幾種吧。不過為了不要讓自己變成妊娠糖尿病的患者，所以還是以不怎麼甜的水果當主食。有句話說：「一日一蘋果，醫生遠離我。」幾乎天天都把大量的蘋果當零食吃，但有時候吃久了會很噁心， 所以也會帶一點不一樣的水果，當成「轉換心情的

好朋友」。

但有時候前腳才踏出門，走到車站，就一股腦的覺得餓了，但是如果停下來去附近店家吃早餐，又很怕遲到，所以我包包內也經常準備保溫瓶，裡面放了一些補湯或豆漿等飲料，以便隨時可以補充水分和止住飢餓感。

後來我發現，湯湯水水比起拿出一盒水果更是好，因為上班時間即使是手一邊有在動，但一邊吃，通常都會有「白眼」掃射過來，所以乾脆就攜帶大量的飲料。我的最愛是無糖豆漿，忙的時候幾乎都是喝無糖豆漿止飢，一樣會有飽足感，而且又可以光明正大的喝，神不知鬼不覺的進食，十分有效率。

按摩穴位要注意

懷孕的時候，尤其越到後期，腰痛會越來越明顯，要怎麼努力擺脫腰痛的束縛？除了穿托腹帶有幫助外，按摩也是一門很重要的學問。

有的媽咪會去特別的孕婦SPA徹底放鬆一下，但價格貴森森的SPA可不能天天做，自己在家想釋放壓力，但是孕婦又有很多穴道碰不得，要怎麼按得舒服又安全，這就是要「丟給老公」學習的學問了。

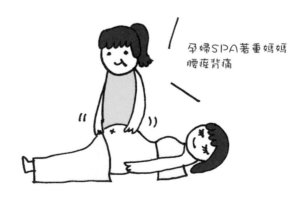

孕婦SPA著重媽媽腰痠背痛

以下是幾個孕婦可以輕鬆舒緩身體不適的穴位，為人老公者，可以多多練習的「一舉兩得」，花一次工，同時服務到愛妻和寶寶。

足三里

在膝蓋外側的凹陷處，往下四根手指（食指＋中指＋無名指＋小指）寬。

能調理胃部不舒服，改善嘔吐症狀。

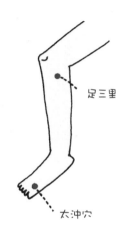

太沖穴

腳趾第一趾與第二趾的趾縫上約三根指頭（食指＋中指＋無名指）

可以舒緩情緒不佳及煩躁。

腎俞穴

從肚臍對到後面的脊椎兩旁，往下約兩公分。

可以改善身體循環，減緩腰痛。

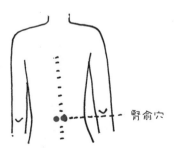

攢竹穴

兩眼上方，眉毛開端處。

可以舒緩頭痛、改善失眠。

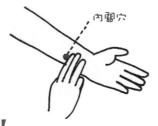

內關穴

手腕內側往下約三根手指頭處的
中心點。

緩解小腿抽筋！

 有幾個會促進子宮收縮的位置，懷孕期間最好不要按摩：

兩邊肩膀的中間

虎口中間

內腳踝往上四根手指頭處

另外，舒緩腿部水腫的按摩就是輕輕從下到上，把血液打回心臟的舒緩方法，但是要避開內腳踝往上四根手指頭處的「三陰交」，因為這個穴位會促發子宮收縮。

還有——

- 懷孕盡量不要腳底按摩，因為腳底有太多穴位會刺激子宮收縮。
- 可以使用器具輔助按摩脊椎區域，方法是：順著脊椎從上往下推，屁股地方比較痠痛可以多推一下，拿來推腿也很舒服，又可以消水腫。市面上有些工具都可以輔助按摩：

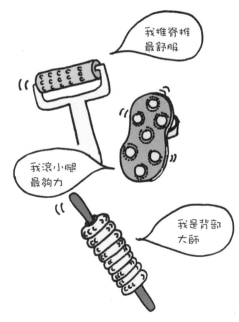

我推脊椎最舒服

我滾小腿最夠力

我是背部大師

懷孕之後，和孕前身體大大不同，千萬不要追求按摩的疼痛感，必須要輕輕的推才不會造成反作用，而且最好不要用精油，因為濃度高的精油經過孕婦吸收，可能會導致子宮的痙攣，嚴重者更會造成流產。

一般精油都有使用說明，大部分的都標示孕婦及嬰兒請勿使用，尤其是懷孕前十二週及懷孕三十週，是孕期當中比較敏感的時期，這段時間千萬避免使用。如果真的對精油很狂熱的媽咪們，因為精油種類及功用繁多，要使用前，也應先詢問芳療師或醫師正確的精油知識。

我的
心得分享

因為本身就有脊椎側彎，所以在懷孕的時候，腰痠背痛的問題更加明顯，加上上班坐辦公室一整天，有時候下班要站起來，都會有一種完全直不起來的感覺。每天晚上睡前，就拜託老公，幫我按摩舒緩一下。

當時忙碌得無暇去研究該按什麼穴道，所以每次都是請老公胡亂按摩一番，反正感覺是只

要有推到脊椎痠痛的附近，就是一股通體舒暢感。小腿也是，因為上班很容易水腫，穿寢襪雖然可以排水腫，但是基本上還是要按摩和做運動。

到了後期肚子越來越大，使用托腹帶有點幫助，但晚上依然就是腰痛，就這樣一路痛到生，而且我的陣痛並不是腹部悶痛，而是腰痛，可想而知，我的腰有多爛了吧。

孕婦按摩穴道，我是到產後才開始慢慢閱讀書籍得到的心得。

回想剛懷孕之時去峇里島，還去腳底按摩，產後看書才發現，腳底是最不能按摩的區域，真是好驚險沒有發生什麼問題，各位親愛的姊妹們請千萬不要學我不做功課啊——不過，現在快快看我的書惡補，還來得及喔！

沒得商量的想吐就吐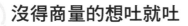

　　孕吐，可能是所有孕婦在一開始遭遇到最劇烈的震撼教育了，一般而言，從五週開始就會有所謂的孕吐，有些狀況好的孕婦到十三週，也就是三個多月後會止吐，但因人而異，有的會一路吐到生（本人就是）。

　　坊間盛傳緩和孕吐有關的食物有很多種，在此介紹幾個評比比較好的食物，不過這一樣是因人而異。可以先嘗試讓自己最舒服的食物，有時候別人吃有效的時候，自己可能效果普普或是反而有反作用，只能說，每樣東西都先吃一點試試看，是比較妥當的方法。

維他命B6

　　懷孕初期，我一和醫生說自己有孕吐，醫生就馬上開給我這份止吐良方。醫生會開就代表很有用，但對我本人而言，效果大概只有二分之一，尤其對於白天的晨吐是完

全沒效的。

其實若不想吞食醫生給的B6小藥丸，維他命B6也可以從食物當中大量攝取，例如肉類、蛋黃、魚類、全麥穀類、胡蘿蔔、豆類、花生、菠菜等。

蘇打餅乾或吐司

這是眾多孕婦都建議的方法，就我的試驗，對於晨吐有效；但必須是在起床前，肚子很餓的時候先咬幾口當作墊底，基本上不算是止吐食物，只是墊底用，如果已經吐得唏哩嘩啦後，再吃還是一樣會吐。

蜜餞與酸梅

非常多孕婦在懷孕時期，都愛吃酸的，這種酸甜酸甜的口感讓孕婦非常舒適。

本人在有想吐感覺的時候，馬上塞一口酸梅，口中會立刻出現一股口水，然後莫名其妙的，吐感就會逐漸消失。但是小心，如果很餓的時候，請千萬不要吃，因為會更噁心。有過這種經驗，是很餓的時候又吃了酸梅，之後吐得更慘，

因為那酸酸的感覺，反而更讓胃不舒服呢。

橘子

利用有點微酸的口感，止住孕吐的發生，一樣太餓的時候不能吃，通常吃點蘇打餅乾先墊胃再吃橘子，會有很好的效果。

薑茶

薑茶有暖胃的效果，可以在還沒有想要嘔吐的平日就喝，比較不會造成突如其來的噁心。但是瞬間已經有反胃感覺的時候，的確是沒多大幫助。

熱熱喝……
才舒暢……

其他還有：蘋果、水梨、甘蔗……等等。

真正太嚴重的時候，去找醫生，醫生大多會建議打止吐針，媽咪們如果真的嘔吐太劇烈，千萬不要硬撐身體，還是尋求醫生的解救，會比一直嘗試偏方卻都沒有效果來得好。

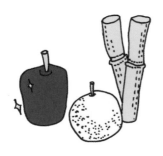

整個懷孕過程，孕吐大概可以占掉我所有回憶。我正是所謂「一路吐到生」的最佳寫照，尤其是晨吐，記憶之中大概只有少數中斷幾天沒有。

我也悟出了一個道理，會孕吐大多都是發生在：

σ 肚子非常飢餓的時候。

σ 空氣不好的時候。

σ 心情忽然有劇烈波動的時候。

也因此我試過非常多方法，上述的所有食物，我都吃過，有的在某些特定時刻有效，但有的時候無效，所以應該還是因人而異的吧？

對我來說，晨吐通常都是因為過度飢餓引起；清晨空腹時比較嚴重，所以這時候可以吃一些可以墊胃卻沒有強烈味道的止餓食物來減緩症狀。至於其他時候瞬間產生的噁心感，通常就可以靠酸性食物解決。

一旦想嘔吐，就起身走來走去轉換心情也是
種方式，聽聽音樂、看搞笑的電視或漫畫，都
可以讓妳忘卻那種不舒服的感覺。當然，有
時候太悶也會造成孕吐，這種時候我會對著
空氣清新機，大口大口呼吸新鮮空氣。

若是像我一樣激烈孕吐的人，也不要太難過，
有研究指出：其實孕吐是一種身體機制，保護
小胚胎，防止妳身體吃入不好的食物，所以
才會有嘔吐的反射動作。

另外有此一說，孕吐嚴重的媽咪，寶寶生出來
也會比較聰明，所以不用擔心嘔吐是否會造
成寶寶的吸收力不好，就當作是孩子在肚子
裡面，幫媽咪挑選食物吧！

不過吐完後，記得要多喝水補充水分，也不要
牛飲，有時候一瞬間喝太多，反而更會促發想
吐的感覺。總之，所有的食物都適量吃，而且
少量多餐，保持心情舒服快樂，自然身體就
會比較順。

「快、狠、準」的食補

身為一個上班族媽咪，懷孕的補給品最好是可以「快、狠、準」，隨手取得，馬上見效。我就非常喜歡便利商店的多元化商品，有很多可以讓孕媽咪快速進補的好東西。

雞精

含有優質的蛋白質，可以促進鐵質的吸收，比起雞湯而言已經去掉了過多的脂肪，不會增加體重負擔，上班帶一罐放在包包裡也非常的輕巧。有的媽咪喝不習慣雞精的腥味，可以去網路上訂購滴雞精，味道比較溫潤順口，但因為不是罐裝的，還是在家裡喝會比較方便。

牛奶

一天可喝三杯牛奶來補充鈣質、維他命D、蛋

白質，但牛奶因為是過敏原，所以有過敏體質的媽媽請小心服用。

燕窩

罐裝燕窩，也是懷孕進補的好東西。燕窩有潤肺清血養顏美容的功效，自古即被奉為養生食補的聖品。

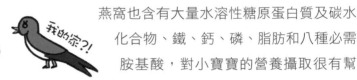

盛傳吃燕窩可以讓新生嬰兒的皮膚白皙。另外，燕窩也含有大量水溶性糖原蛋白質及碳水化合物、鐵、鈣、磷、脂肪和八種必需胺基酸，對小寶寶的營養攝取很有幫助。

我之前在新加坡工作的時候，燕窩幾乎是每個新加坡人講到懷孕進補第一選項食物，由此可知，燕窩的確有其功效。只是燕窩價格不菲，若真的確定要每天服用，建議可以從市售一般罐裝即食燕窩下手。

小魚乾

小魚乾有豐富的鈣質，對胎兒很有幫助，懷孕的媽媽可以隨時準備一包小魚乾在包包內，上班時隨手抓一把當零嘴解饞，或是丟在午餐便當中當配

菜也很不錯。

堅果

　　堅果含有優質蛋白質、胺基酸等對大腦有
益處的維生素。市售的堅果有的含過多的鹽分，建議準媽
咪們可挑選原味的食用，但有的堅果油分過高，一天不用
吃太多，一小把即可。

優酪乳

　　懷孕媽媽很困擾的就是便秘了，每天一瓶
優酪乳可以幫助媽媽順暢排便，也可以補充
鈣質。

可幫助順暢

　　優酪乳的鈣質吸收比牛奶容易，所以不想喝牛奶的媽咪
也可以替換成優酪乳補充營養。

孕婦奶粉

　　孕婦奶粉其實就和孕婦綜合維他命一樣，
只是配方換成用喝的，基本上內含的營
養元素都差不多。有的醫生會告訴媽
咪，如果有在吃維他命就不需要另外

喝奶粉了。

不過我個人偏愛喝孕婦奶粉，因為香草的味道讓當時孕吐的我吃起來很舒服，有時候嘔吐完後，預防太飢餓也可以喝一杯墊墊胃（一天兩杯即可，不需要補充太多）。

除此之外，醫生也會因為懷孕時期不同，而開給孕婦媽咪不同的維他命補給品：

葉酸

葉酸的功用在於避免神經管缺損，所以一般有計劃懷孕的媽咪，準備懷孕之前就可以補充葉酸，剛開始懷孕的初期，醫學證明服用葉酸也可以避免生出畸形兒的機率。

一般醫生在知道媽咪懷孕後，就會立即開予葉酸。但其實很多食物當中也存有葉酸，深色葉類蔬菜就內含大量的葉酸，例如花椰菜和蘆筍。另外肝臟、鷹嘴豆、黑眼豆當中也含有大量的葉酸。孕媽咪如果適時的補充這類食物再加上醫生開的維他命，葉酸補充就不會缺乏。

維他命C

以前都一直以為維他命C只能預防感冒，沒想到懷孕的時候，醫生也要我補充C，原來因為有研究指出，食用維

他命C可以防止早產。而且吃素食的媽咪可多吃維他命C，
也可以幫助鐵質被身體吸收。

　　所以開始懷孕後，每天也可以再額外補充維他命C片，
劑量可以請教醫生，因為維他命C吃多了，會有血管硬化
的副作用；或者也可以從食物當中取得維他命C，便是很
好的方法，例如柑橘類、番茄、草莓、綠色蔬菜、花椰菜
等。

孕婦綜合維他命

　　孕婦綜合維他命可以說是最方便、最均衡的補充品，而
且對於要上班的孕媽咪而言，算是方便準備。懷孕的時候
醫生可能會推薦媽咪一些牌子的孕婦綜合維他命，其實配
方都大同小異，唯一比較不同的可能是某些成分（例如葉
酸或是維他命A）的劑量增加與否。

　　有的媽咪會在意不要吃鐵劑，因為太多的孕婦綜合維他
命中的鐵劑，容易造成便秘，醫生建議有便秘的媽咪，就
挑選鐵劑含量低的、或是不含鐵的孕婦維他命吧。

　　但是鐵對於寶寶的成長很重要，所以若真的不想吃含有
鐵劑的維他命，也可以多吃含鐵質食物，多吃紅肉，還有
深綠色蔬菜，例如菠菜、番薯葉。通常葉菜的顏色越深，

代表含鐵量越高。

　　另外正如剛才所說，維他命C也可以幫助鐵的吸收，所以啊，所有的維他命都是相輔相成的，要搭配在一起才可以相得益彰。

　　維他命A在孕婦綜合維他命當中的劑量，會讓有些孕媽咪在意，因為之前有研究指出，食用維他命A可能引發胎兒畸形，不過如果缺乏維他命A，對於小朋友的眼睛視網膜生成也是很有阻礙，所以到底該如何是好呢？

　　我自己詢問醫生過後的結果是：維他命這種補給品，過與不及都不好，市售的孕婦綜合維他命，因為有藥廠把關，所以劑量調配得剛剛好，媽咪們不用特別擔心，除非媽媽另外購買其他維他命A，或是不依照說明書、不依照醫生指示，吃了過量的維他命A，才有可能造成寶寶的成長傷害。

其實準媽媽不需要太擔心,基本上懷孕只要注重飲食均衡,什麼東西都可以是補品。

我懷孕的時候因為上班不方便,所以補品幾乎都是以罐裝飲品或是點心為主,喝這種罐裝補品比較方便的是,不需要花時間煮東西,而且確定營養很夠。

有些媽媽覺得雞精味道很恐怖,捏著鼻子喝下去是一個方法,另一種方法就是加水稀釋當成雞湯,加熱煮過後,味道就沒那麼腥,如果不嫌麻煩就丟一些香菇或是藥材燉煮一下,變成一碗濃縮雞湯也不錯。

孕媽咪的水腫腳

　　懷孕的時候，幾乎所有的媽媽都有一雙腳的問題，腳因為負荷了懷孕當中最重要的肚皮，所以是全身所有除了肚子之外，最受重視的位置。

　　談到腳的問題，我們就不得不說到腿部水腫，水腫是每一個孕婦幾乎都必經的過程。尤其因為子宮逐漸變大，壓迫到下半身的血管，所以特別容易下半身水腫。懷孕到28週左右，醫生就會開始定期替孕婦媽咪進行水腫檢查，因為嚴重的腿部水腫可是會壓迫到靜脈回流。

　　水腫的症狀很容易判斷，只要拿大拇指壓一壓妳的小腿處，如果壓下去後沒有立刻回彈，那就代表妳已經有水腫的跡象了。孕媽咪睡覺的時候，對於水腫，醫生會建議向左側躺，可以避免壓迫到下半身的靜脈。

　　上班族的準媽咪，每天早上一雙美美的腿出門，經常晚上回家，腿就腫得和大象腿一樣，有時候腫到小腿會有一股很強烈的爆炸感，要怎麼樣才可以幫助腿回到原本的狀

態呢？

市面上有很多靜脈曲張襪，多多少少可以幫助排解一下水腫的感覺，但是千萬不要穿丹數太高太緊的，反而會讓腳更不舒服。不過無論肚子是否已經開始逐漸變大，都不能穿包覆到肚子的整件褲襪，以免會壓迫到肚中的小寶貝。

也有賣專門給孕婦穿的靜脈曲張襪（和孕婦襪不同），這對孕婦可以說幫助很大，穿著的方法和一般穿靜脈曲張襪一樣，早上起床的時候躺著把下身抬高，再慢慢的穿。不過懷孕後期肚子開始變大，襪子很難穿脫，對媽咪們有時候反而是種負擔。

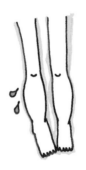

我在這邊比較推薦準媽媽們，可以在每天晚上穿著睡覺用的寢襪，寢襪的丹數不會太高，但是又有幫助舒緩腿部壓力的效果，配合腿部按摩和運動，會讓水腫無所遁形。

寢襪有分很多種，褲襪類型、大腿襪、小腿襪。和白天穿的靜脈曲張襪一樣，孕婦絕對不能穿褲襪類。我的建議是大腿和小腿襪都可以準備一雙，因為孕婦也很怕熱，有

時候天氣太熱可以改穿小腿的睡覺會比較舒服，不然大腿流了一堆汗，反而造成反效果。

大腿襪

　　對於排水腫的效果是最好，但天氣熱時實在是讓人受不了，尤其是大腿會有一股癢癢的感覺。但現在台灣也有自己出一款降溫冰涼款的寢襪，穿起來稍微沒那麼熱，大家也可以試試看。

小腿襪

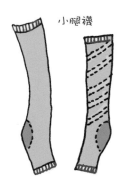

　　雖然防護效果沒大腿襪來得好，但輕便又舒適，有時候拿來白天上班偷偷穿也不錯。

　　食物方面，媽咪們可以少吃鹽及含鈉食物，避免身體水鈉囤積，或是可以吃利

尿的食物，例如紅豆及冬瓜。但可不能因為怕水腫而不喝水，這是錯誤的觀念，懷孕期間最重要的就是攝取水分，千萬不要因噎廢食。

關於我們的雙腳，還有一個很重要的問題，懷孕的時候，很多長輩都告誡我們：「千萬不可以穿高跟鞋了唷。」但是，工作上真的必要的話，該如何是好？懷孕後該穿怎麼樣的鞋？

我詢問了醫生可以穿的鞋子範圍，醫生說：

σ 懷孕前三個月，因為胎兒還沒有很穩固，穿著高跟鞋等於踮著腳尖，讓肚子施力，這樣對腹部影響很大，所以最好還是以平底鞋為主。

σ 懷孕後期，越接近生產，胎兒會越壓迫母體下肢，也盡量不要穿著難以施力的高跟鞋，否則一個不穩固跌倒了，得不償失。

σ 中期若真的因為工作必須要穿著高跟鞋，則可以選擇三公分內的氣墊款高跟鞋、船型鞋。但穿著高跟

鞋後，孕婦最好不要常走，因為會造成腹部肌肉運動，同樣的會導致子宮不適。

想想也是啦，那些影視紅星之所以可以懷孕穿著高跟鞋，通常都只是亮相的，哪會穿著高跟鞋逛大街呢，各位媽咪們還是在孕期忍一忍，以優雅的平底鞋取代高跟，或是在不需要常行走的日子當中，穿著可愛的三公分內小跟鞋，才會在懷孕期間美美的卻又很安全喔。

我的
心得分享

我從以前就一直是非常容易水腫的體質，以前沒懷孕前，都靠刮痧板按摩，從小腿往大腿心臟方向狂刮排水，這是很有效，但是孕婦不能觸及到大腿外側的膽經位置，或內腳踝往上四根手指頭處三陰交穴。

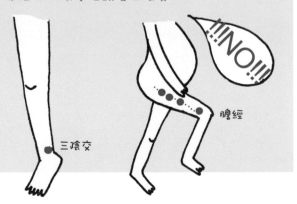

!!!NO!!!

膽經

三陰交

從開始懷孕後，我就只靠按摩的方式輕輕推推就好，但後來水腫越來越嚴重，尤其有時坐了一整天辦公室，想要站起來，小腿都有一股刺痛感，感覺皮已經緊繃到真的是快要爆了。

所以從一有這種症頭開始，我就開始尋求各種寢襪的幫助，剛穿上寢襪睡醒的隔日，真的是有種彷彿神助的感覺，腿部有種通體舒暢感；加上配合睡前抬腿，讓我感覺瞬間腿部線條比孕前還瘦一點。

但是通常到下午的時候，水腫又故態復萌，我嘗試過穿靜脈曲張襪，但因為當時正值夏天，太熱濕疹反而讓我的腿有點小過敏，後來索性在白天穿上小腿款寢襪，因為寢襪的材質比靜脈襪柔軟，所以舒服很多。

上班坐久了，可以從小腿輕輕往上按摩到膝蓋，這樣不會影響觀瞻，也可讓腿部舒緩，對孕婦而言是很好的幫助。

在懷孕的時候，我深深體認到鞋子這個問題，因為工作關係，平常都習慣穿著高跟鞋去上班，但一懷孕了，馬上換個超級大平底鞋，除了自己不習慣，走路常常鞋子飛出去，另一方面也覺得不太好搭配以前的衣服。

詢問過醫生後，得到了穿三公分的高跟鞋的解答，還好，我的工作並不需要經常走動，到辦公室後，還可以偷偷把鞋子脫掉讓腳丫子出來透氣。事實上，一直到了現在寶寶誕生後，三公分內的高跟鞋依然是我的最愛，當媽媽抱著小孩要穿很高還真的是辛苦，除非自己是好萊塢明星維多莉亞貝克漢等級，有專人服侍，不然一般的媽咪，還是避免穿超過三公分的鞋款吧。

幫助腿部血液循環的運動

生產其實是一件很耗費體力的事情，所以媽媽在懷孕的時候，如果盡可能可以保持運動的習慣，對於生產的過程可以增加肌肉的柔軟度和體力。

散步和游泳是許多醫生很推薦的運動，坊間也有很多媽咪會相傳爬樓梯，但醫生的說法是：「爬樓梯只需要在後期的時候，想加速生產時，再開始做也不急。」但若是身體不舒適，前三個月還有七個月後盡量避免運動，以免動了胎氣。還有就是一些靜態的簡單拉筋動作，可以推薦給較沒時間做運動的上班族媽咪們。

幾個可以舒緩腿部的運動

懷孕的時候，腿部血液循環不好，可以做點運動幫助腿部血液循環。先提供幾個簡單又可以快速排水腫的腿部運動，希望大家都能有一雙美腿：

1

平躺在床上，把腳抬高靠在牆上約五分鐘，如果可以的話，讓雙腳與床呈現垂直，會比較快速讓腿部舒緩。這個運動也可以增加脊椎還有臀部肌肉張力。

2

平躺在床上，把腳舉起，可以幫助排水腫和鍛鍊腿部肌肉。

3

側躺，大腿往側面90度抬起，然後放下，幫助排水和鍛鍊腿部肌肉。

4

站著足跟貼地，腳尖向上彎曲，上下伸展運動。

重點在腳趾頭

5

站在椅子後面，手扶住椅背，單腳站立，另一腳畫一個圈圈，可以幫助強化骨盆及柔軟會陰肌肉。

抽筋怎麼辦

懷孕的時候除了水腫，腿部還有一個讓人很困擾的問題就是睡覺時小腿抽筋，這個時候只要心定下來，把腳尖往後拉直，就可以馬上痊癒。

腳趾頭往下用力

可以幫助胎位矯正的膝胸臥式

膝蓋呈現跪姿，頭貼地面，大腿與地面呈九十度，手肘彎曲，手掌平貼頭兩邊，肩膀和胸部貼地板，把屁股抬高，維持約十分鐘。這個動作可以幫助胎位矯正，所以當後期若是醫生發現寶寶有胎位不正的狀況，會請媽咪持續每天運動三次。

90°

減輕腰痛的小運動

1

平躺並把手放置於身體兩側，小
腿與地面垂直，兩腳分開與肩同
寬，腳底板貼緊地板，慢慢的把
背和屁股抬起，同時輕輕搖擺臀
部，此時會覺得脊椎經過晃動，
會非常的舒暢。

2

採跪姿，手掌撐地板，大腿和手
臂都與地板垂直，運用腰部的力
量和背部的力量向上拱起身體，
之後緩慢再將腰部背部向下壓，
舒展背部肌肉。

我的
心得分享

天生的水腫體質，讓我在懷孕的時候便無所遁逃。所以我在懷孕的時候，非常注意和加強腿部的運動，一來腿部運動可以排水腫，二來腿部運動也可以鍛鍊下身，對生產很有幫助。

但講到懷孕的運動，我可是鬧了一個大笑話：懷孕的時候切記就是所有的運動都是以暖身拉筋，和瑜伽一樣藉由伸展來達到強化肌肉的目的。但我開始的時候不曉得，看到書上介紹抬腿運動，也沒寫要幾次，硬是每天側抬100下，正抬100下，腳抬高30分鐘，朋友聽到我運動如此之猛，建議我先查詢是否真的要這麼操孕婦，之後上網一查，每一項運動醫生建議是每天5次10次即可，重點是「緩慢的舒展」。

不過也算是因禍得福，加上寢襪的幫助，整個孕期腿部幾乎沒有水腫，只有腳底鞋號比以前大了一點。請大家不要學我，所有的運動都請以放慢腳步，讓自己舒服就好，汗流浹背對孕婦而言，是沒有多大幫助的。

和妊娠紋作戰

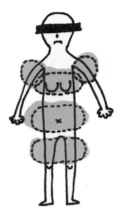

當baby成長，肚子也一個月一個月的被撐大，包含大腿、手臂、胸部都有機會跑出那紅紅的小蚯蚓般線條，對於很多想產後依然美美穿比基尼的辣媽來說，可是極度敬謝不敏的。

妊娠用品有好多牌子可以選擇，價格從一百多到一千多都有。不過以我自身的經驗，妊娠紋需要的是勤擦油，所以價格貴雖

為保護當事人
以馬賽克處理

然功效可以比較好、添加物較多，但是如果買一瓶一百多元的妊娠油，認真的每天推拿也是很有幫助的。也有醫生推薦，直接用一般的乳液，加上好推的嬰兒油也是不錯的選擇。

妊娠紋的剋星有妊娠霜、妊娠油，油狀產品滋潤效果最好，在冬天比較好吸收，用維他命E油，或是

VS.

橄欖油，都可以直接塗抹按摩來預防妊娠紋。擦妊娠用品最重要的其實就是手勢，好的手勢可以幫助拉提，如果只是胡亂抹一通，雖然說沒什麼大礙，但是幫助也不大。所以油品和手勢按摩是相輔相成一樣的重要啊。

擦妊娠用品的手勢

胸部按摩

由外向內的方法輕輕向內拉，也可預防外擴。

肚皮按摩

用雙手從下腹部往上輕輕拉提，一邊按摩一邊也可以和肚子裡的寶寶講講話，這對胎教也是很有幫助的，從小就讓寶寶感受到媽媽手部的溫暖。

屁股按摩

站直，手稍微往後搆一點，由大腿根部往臀部托起，可以防止屁股下垂。

大腿按摩

腳彎曲，雙手手掌貼覆包圍大腿，從膝蓋往大腿方向輕輕拉提，可以讓鬆弛的大腿找回彈性。

手臂按摩

從手肘方向往手臂胳肢窩方向，輕輕把蝴蝶袖往內拉。

要預防妊娠紋最重要的撇步，就是「勤擦」霜或油！

　　一天若是可以擦個三次也不為過，白天起床換衣服的時候順便擦。最好可以放一罐霜狀產品在公司，午休時可以到廁所擦擦肚皮或大腿，順便也可以防止孕期中間肚皮被撐大的那種癢癢的感覺。妊娠油比較麻煩的是難推乾，怕會弄髒衣服。晚上洗完澡，趁身體毛細孔打開濕潤的時候，快速抹上防止妊娠霜，是最有效的。

　　至於肚子越來越大，開始癢了怎麼辦？這種時候，如果使用添加過多香料的油，可能會導致皮膚反而更不舒服。孕媽咪們可以請問醫師，換成醫療級用或沒有添加的純保濕乳液來按摩，也可以注意是不是洗澡的水溫過熱了。但要是過了一兩天還是嚴重搔癢不止，要立刻去找醫生唷。

　　最後我們還是不禁要問，妊娠紋擦油真的有效嗎？是有效的，但是效果因個人體質而異喔。我從一知道懷孕開始就認真的擦油，一直擦到產後兩個月，雖然預防得非常徹底，但是肚子上還是有一小丁點紋路。

我的
心得分享

關於妊娠紋，詢問醫師得到的答案是：
個人體質不同，不見得每個人情況是相同的。
許多媽咪認為，擦最貴最好的妊娠霜，就會一
點紋路也沒有。但是每一個人先天的膚質不
同，還是問問醫師比較穩妥。

回想一下妳從小如果身材忽胖忽瘦，就容易跑
出肥胖紋，那很有可能就是妊娠紋的高風險
媽咪。所以說，預防勝於治療，除了在一開始
知道自己懷孕，就認真做預防多保養，如果真
的還是無法避免掉有一些小小妊娠紋出現，就
別太在意了。

需要買哺乳衣或大肚裝嗎

關於孕婦裝或哺乳衣，很多媽咪會問，我真的需要多花一筆置裝費嗎？

其實在產前就可以買一些產後可以繼續沿用穿著的衣服，會比較實用。這樣不用多花一筆錢，也可以繼續保持個人穿衣風格，才不會到時候囤積一堆孕期的衣服，只能送人當禮物了。懷孕的時候，最惱人的肚子隆起部分，只需要幾個撇步，也就不需要買特別的孕婦裝了：

沒有腰身的洋裝

買沒有腰身的洋裝，肚子不太大的第一胎媽咪，可以穿到約七八個月。

無腰身款

大肚褲

褲子運用綁頭髮的帶子，也可以
很輕鬆的變成大肚褲。

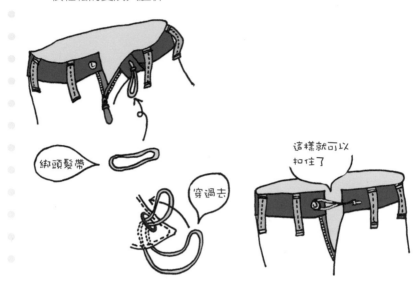

綁頭髮帶

穿過去

這樣就可以
扣住了

　　有些孕婦媽咪會在產前就買好哺乳衣以備日後所需。不
過對於上班族媽咪而言，穿著兩邊有個洞洞或是下面可以
翻上的哺乳衣，有時候並不大實用。平常可以穿著一般服
飾，只要善於選擇以下幾個重點，就可以讓妳穿著一般的
衣服也可以在下班的時候迅速方便哺乳，不需要特別買哺
乳衣。

寬鬆的棉T恤

選擇寬鬆的棉T恤,雖然很貼合腹部線條,但是會讓媽咪更有孕味。

彈性大可一直
穿到最後

領口大有彈性
方便下拉

大領口T恤,下拉方便,可以隨時哺乳。

襯衫打開
哺乳和集乳
都方便

襯衫

襯衫打開,向旁邊一拉,只需要幾秒鐘就可以變身哺乳衣。

大披肩

真的需要外出哺乳,卻沒有地方可以隱密的哺乳時,大的披肩也是很好的遮蔽物。

善用披肩
不害羞

我的
心得分享

我在懷孕的時候，因為顧及之後要繼續上班，不大可能一直穿著哺乳裝或孕婦裝走來走去，所以幾乎沒買什麼孕婦裝或哺乳裝。

我懷孕正值冬天，此時台灣流行了一股強烈的韓流，路上所有的女生都穿著韓版的寬大毛衣，也很慶幸正好因為這波流行，完全不需要買到孕婦裝。

等天氣熱了點，我也是堅持不買孕婦裝或哺乳裝，孕婦裝方面，其實只要買寬鬆一點的衣物，就可以一路穿到生，至於褲子可以用綁頭髮綁帶的方法增大，尤其像是一般女生很愛穿的窄腿褲，其實只要運用褲頭加大法，就可以保持腿部依然穿得很合身，看起來是很俐落的孕婦呢。

以前我在美國的時候，看過孕婦裝店裡有賣一種belly belt褲頭延長腰帶，這就是讓一般若是大腿圍沒有變粗的時候，可以套在原有的褲子上，增加褲頭的寬度。

可以增加褲頭寬度

如果媽媽怕綁帶延長扣不緊褲子，或是擔心綁帶還是不夠寬鬆，則可以直接去選購這樣的褲頭延長腰帶。

產後哺乳的時候，基本上只要領口夠開，彈性夠大，可以馬上拉開一角，或是直接穿著低胸一點的衣物，以及襯衫，這樣不需要買特別的哺乳衣也可以一路穿到退奶。

不過網拍也有很多賣家，賣的孕婦裝或是哺乳衣都非常的好看，我在月子中心的時候因為太過無聊，每天迷上網購，就看了不少漂亮的哺乳衣，穿上去不說都沒有人知道這件衣服可以掀開來哺乳；有的甚至很多沒懷孕的姊妹都問我在哪裡買，她們也想要一件呢。

所以說媽咪們可以多方比較，若是真的沒看到好看的孕婦裝或哺乳衣，也不需要多花錢，但是看到好看的，下手要快狠準，就請老公多幫忙擔待點支出一下啦。

2
天啊，
寶寶要出來啦

待產包清單

準備好要去生寶寶了嗎？待產包東西都備妥了嗎？

曾經在月子中心看到產婦和先生準備入住時，所拿的待產包是一袋袋手提行李包，看著他們大包小包的進進出出，當下我就確信，一定要拿有輪子的行李箱當待產包，會比較方便一點。

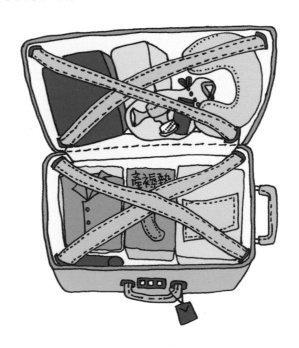

果然，事實證明，有輪子的待產包，可以讓人在一陣慌亂當中準備要去醫院的時候順利上車，若是被醫院拒收的時候推回家比較方便，還有出院或是進月子中心都可以很快速。

待產包需要的東西

for
產婦媽咪

證件
身分證、健保卡

盥洗用具
遵守傳統坐月子不可以洗澡的產婦，可以準備擦澡用品（例如藥浴包）。

保養用品
一般習慣的清潔保養用品千萬不要忘記帶，就把生產住院，當成三天兩夜的度假之旅。

看護墊
可以吸收溢出的惡露，保持病床的乾淨。

看護墊墊在床上，
以免惡露沾到床。

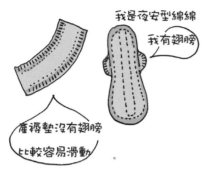

產褥墊

或可使用夜用衛生棉替代,有翅膀比較不會移動。

免洗內褲

千萬別小看自己的屁股,可以買XL大小或是XXL,自然產後陰部比較敏感,穿著大號一點的內褲加上產褥墊才不會壓迫到。

沖洗瓶

俗稱「小可愛」,直接到藥局都有賣,自然產上完廁所,需要用沖洗瓶沖洗乾淨,可以加一點點優碘在溫水裡,沖洗傷口。

溢乳墊

產後三天基本上不會溢奶,去月子中心的媽咪比較需要。如果有媽媽在產前就開始有些許乳汁分泌,可以準備著使用。

優碘或是沙威隆

自然產後盆浴，傷口可以使用，
分量大約為一瓶蓋，倒入臉盆
中，加入溫水即可以盆浴。

束腹帶

產後惡露排乾淨就可
以開始綁束腹帶，比
較不會綁的媽咪，可
以直接用有魔鬼氈款
的束腹帶。不怕麻煩
的媽咪也可以用一條
布料款的印尼束腹
帶，或稱「紗布束腹
帶」，但每次鬆掉就
要重新調整一次。

很多媽咪也鍾愛一條布的印尼束腹帶款
可以把順著肚子的曲線綁得很緊實
這種有魔鬼氈的束腹帶
對於沒有人幫助的媽咪很方便

印尼束腹帶綁法 ：
臀部抬高，兩手放在下腹部，手將內臟往上的方向推回
每繞一圈半要折一次，也就是將束腹帶的正面轉成反面
，再繼續綁下去，斜折的部分為臀部兩側。

折一下

毛線帽比較可以保暖

如果有縫隙

頭吹到風

真的會很不舒服

羊脂膏

餵母乳時，如果乳頭被嬰兒咬傷可以使用羊脂膏，或是寶寶有輕微尿布疹也可以薄薄一層塗抹在寶寶屁屁上。

哺乳內衣

雖說生完小孩很疲憊，但是生完通常都會有一堆訪客，有訪客的時候穿一下內衣還是比較妥當。

帽子

產後頭頂不能吹風，出院或是到月子中心的中途很需要。

外套

冬天請準備厚外套，夏天因產婦身體虛弱，也請準備輕薄外套。

出院衣物

出院需要準備乾淨的衣物，記得襪子也要，因為產後腳底容易冰冷。

拖鞋

盡量選擇可以穿進浴室的拖鞋，或是乾濕拖鞋都準備一雙，因為醫院的浴室很容易把拖鞋打濕。

喝水用具

在醫院需要自備水杯使用，也可以準備吸管或是吸水壺，產婦剛生產完，前一兩天無法坐起來，躺著不用吸管喝水，容易灑在身上。

吸水壺方便喝水也可以放在床上，要喝就可以喝

習慣的餐具

雖然伙食都會附餐具，但是像大一點的調羹，就需要自己準備了。

甜甜圈坐墊

自然產後陰部傷口會疼痛，使用坐墊會比較舒適。

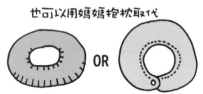

甜甜圈坐墊也就是俗稱痔瘡坐墊

也可以用媽媽抱枕取代

OR

哺乳枕

任何哺乳可用的枕頭皆可，也可以使用多功能抱枕或是哺乳C型枕頭。

充電器

手機或電腦充電器，不只媽媽在醫院需要聯繫外界，爸爸也需要唷。

產婦醫療用品，例如棉棒、透氣膠帶……醫院或月子中心都有提供，不需要準備。

for
要去月子
中心的媽咪

擠奶用品

如果月子中心有提供，則不需要另外準備。

哺乳睡衣

在醫院都有專門的睡衣，去月子中心就會需要準備自己的睡衣。

訪客來訪的衣物

月子中心住久的媽咪，可以多準備兩套衣服，朋友來的時候可以見客。

收音機或其他娛樂設備

傳統習俗，月子期間不能看書或看電視，以收音機這類的娛樂設備為佳。

出院衣物

冬天準備手套、襪套及連身兔裝
加小帽子,夏天紗布衣即可。小
朋友在醫院和月子中心也都會有
衣服穿,所需要的只有出院的衣
物。

包巾

厚薄程度請看當季天氣狀況。

我的待產包當時參考一般嬰幼兒用品店的手冊,所以莫名其妙的,可能是因為嬰幼兒用品店想要推銷,買了很多嬰兒衣物。

但因為我出院後直接進入月子中心一個月,帶了一堆嬰兒衣物的結果,是那些衣服就一直躺在我的包包裡頭,從來都沒被拿出來過。等到坐完月子一個月後,衣服拿出來,小孩也穿不下了⋯⋯早知如此何必當初?

所以我以過來人的心得告訴各位媽咪,如果是要去月子中心住一個月,千萬不用買新生兒衣物,除非是要自己在家坐月子,買幾件新生兒衣物才比較實用。不過剛開始孩子比較軟,還是以兔裝或是左右開襟的和尚裝為主比較方便。

發奶方法大彙整

　　若是問醫生：「最會讓媽媽乳汁源源不絕的方法是什麼？」

　　醫生一定會回答：「多親自餵奶。」

　　但是對於上班族媽媽而言，這是一個不可能的任務，於是乎，上班族媽媽最需要知道的，是怎麼運用有效的方法達到發奶目標。食補和按摩是很有效的方法，在這邊提供一些方法給媽咪們使用，希望各位媽咪們也可以順利的發奶成功！

發奶食物大彙整

　　上班族媽媽最需要了解的營養補給品，就是如何發奶了，媽媽如果可以多喝水，增加身體的水分，自然母奶量也會增多，當然吃一些優質蛋白質增加母奶的營養，也是不錯的選擇。

雞精

蛋白質和脂肪多多攝取的話，可以增加母奶的營養，這也就是為什麼在坐月子時期，補湯當中總是會有大量的肉類的原因。而雞精因為分子小，容易吸收，而且又剔除了過多的脂肪，所以是發奶不發胖食物的聖品。

只是有的媽咪真的很怕雞精的味道，可以按照書中之前描述的方式，加其他食材燉煮為雞湯飲用，也是很方便的補奶法。或是滴雞精對發奶也是很有益處的唷，不怕麻煩的媽媽們也可以利用閒暇時間，自己用電鍋自製滴雞精，一樣營養滿點。

1

先把雞肉切好並且把骨頭敲碎，敲的時候可以先用布包起來，以免骨頭碎片飛濺。

2

在電鍋內鍋放上一個小碗公，然後上頭放蒸架，把雞肉平鋪在上。

3

把內鍋鍋蓋蓋上，為了不要讓水氣進入，可以用鋁箔紙或是耐熱保鮮膜把鍋蓋和鍋子的周圍堵住。

4

放入外鍋，加水，電鍋跳起後反覆加水直到5小時過後。

5

打開鍋子的時候不要失望，內鍋看起來雖然乾乾的，其實營養的滴雞精都神奇的跑進小碗裡頭了，之後過濾掉渣渣就可以享用啦！

黑麥汁

發奶的另一個要素就是要喝大量的水，喝黑麥汁等於就是補充大量水分，同時因為黑麥汁當中也有蛋白質，所以對於發奶也大有幫助。只是黑麥汁有的

廠牌過甜，媽咪小心不要喝太多除了發奶外身上的肉也發起來了。

牛奶

　　牛奶一樣是因為蛋白質含量高所以是個很好的發奶飲品。但有的媽媽若是有過敏體質，請避免飲用牛奶，也容易透過奶汁讓寶寶同時產生過敏。

豆漿

　　豆漿內含有大量的優質蛋白，對於吃素的媽咪們而言也是很好的營養補給品，而且內含大豆卵磷脂，孕前吃可以幫助寶寶智力發展，產後吃可以幫助母親的乳腺通暢。

　　自己在家也可以簡單做豆漿，首先先把黃豆洗淨浸泡在水中一晚，第二天把乾淨的黃豆加上新的水煮成黃豆湯，趁熱用果汁機把豆漿打碎，再用濾網過濾掉多餘的豆渣，這樣就是一杯自製的無糖豆漿啦。

卵磷脂

　　卵磷脂的功效在於可以幫助乳化分解

油脂，所以在哺乳時期如果乳腺阻塞，可以吃卵磷脂幫助暢通。平常保健天天一顆，就比較不會有阻塞的問題了。

發奶茶

發奶茶也叫做泌乳茶，市面上有很多發奶茶，這種茶飲，東方西方都有出，都調配好了，直接用水沖泡就可以很方便。上班族媽咪可以放一包在辦公室，沒事就拿來喝，一天得喝三到四杯，才會看得出成效。

魚湯&花生豬腳

魚湯和花生豬腳，幾乎是所有華人婆婆媽媽都信奉，是很好的發奶食物。

總歸以上各種食物，發奶必備兩個口訣就是：水分要多多、蛋白質要高高。每個媽媽體質不一，甚至有的媽咪喝了珍珠奶茶也會發奶，所以說媽咪們除了大家津津樂道的食材外，也可以多多嘗試各種水量多蛋白質多的食物，看看自己的身體和哪一項最對味呢。

除了發奶食物，大家也要很小心的是退奶的食物。基

本上，以中醫觀點而言，所有的涼性食物最好都不要碰，例如竹筍、菊花、薄荷……，媽媽們如果可以的話，就忌口一點，或是少吃點，另外有三種食物，是吃了非常容易退奶，媽媽們也要小心為妙，三個惡名昭彰的食物就是：韭菜、麥芽、人參。如果寶寶已經夠大想要退奶的媽咪，就可以大量吃這三種食物，來幫助自己退奶。

乳房按摩這樣做

乳房按摩除了可以幫助媽媽脹乳，還可以促進乳腺暢通，對受乳腺炎困擾的媽媽是很好的方法。

第一步，媽媽的雙手，順著乳房的方向從外往內按摩，按摩方法有往內的直推；或是順著打圈圈往內慢慢推，這

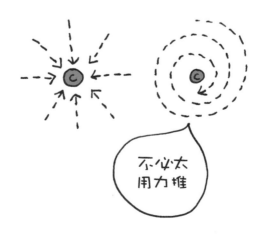

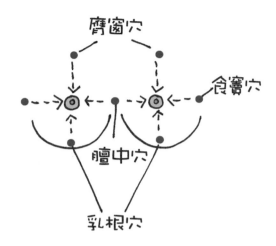

膺窗穴

食竇穴

膻中穴

乳根穴

也比較適合已經有輕微阻塞的媽媽。

　之前在醫院時，護理人員有教我幾個重點穴位，膻中穴、乳根穴、膺窗、食竇穴，由這四個穴位往內，以刮痧手法來刺激，也是很有效的促進乳汁方法。

　至於刮痧的方法千萬不要直接使用刮痧板粗暴的就直接上陣，媽媽們記得要準備乳液或是凡士林，以輕柔的方式，單向、不可來回刺激皮膚的刮法，若是太大力刮得紅通通，反而會適得其反。

　刮痧的用具，可以使用現成的刮痧板或是疏乳棒。

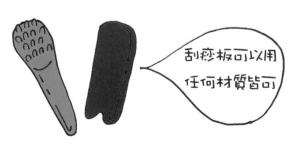

刮痧板可以用任何材質皆可

在坐月子期間,因為月子餐吃得很豐盛,所以乳汁不虞匱乏,但是唯一讓我覺得很困擾的是之前因為沒有定時排空,寶寶吃得又少,所以發生了幾次乳腺堵塞狀況,真是痛得讓我苦不堪言。

到後來才知道,原來乳腺堵塞的時候,要用冷水濕毛巾敷胸部,然後再輕輕按摩,一邊吸奶,才可以逐漸疏通。

另外平常擠奶的時候,善用刺激奶陣,除了可以增加奶量,又可以幫助乳腺不堵塞。

快速刺激奶陣的方法,身體向前彎曲,雙手扶著胸部,利用地心引力的方法,前後晃動,之後按摩乳頭,會發現尖端有一些乳汁已經分泌,之後再使用吸乳器,就會非常順利了。

彎腰

用手輕輕
扶著胸部搖晃

媽媽們在坐完月子，上班後，因為擠奶的時間
比較短，快速又有效的刺激奶陣，讓在公司擠
奶的瞬間，乳汁可以熊熊排山倒海而來，也是
很重要的。

溢乳墊百百種

　　哺乳的媽咪經常會有乳汁溢出的困擾，溢乳墊的選擇非常多，給大家整理做個比較，看看哪種是適合媽咪妳的最佳溢乳墊。

　　溢乳墊有分成拋棄式、水洗式，還有一些小方法，也可以不花錢自製溢乳墊：

溢乳墊就是塞在這邊的

兩個好幫手

背膠

拋棄式

拋棄式坊間很多牌子都有出。

優點：有背膠，可以平整黏貼。
　　　頻繁更換，較乾淨。

缺點：價格貴，用一次就必須拋棄。

水洗式

水洗式又有分「布料」和「塑膠」材質。

布料材質可以丟到洗內衣的洗衣袋裡頭清洗，十分的方便。但沒有背膠，使用的時候要小心移位。

水洗式有出幾款矽膠或塑膠材質，基本上大同小異。我個人比較推薦市面上有出一款「可換罩杯」的塑膠材質溢乳墊。

整組內含中空的乳頭保護墊，還有兩種罩杯。罩杯其一是可以儲存乳汁。另一種是上方有孔，可以通風使用。優點是方便清洗，溢出的乳汁還可以蒐集起來給寶寶喝；缺點是穿上會增加一個罩杯，胸部看起來很巨大。

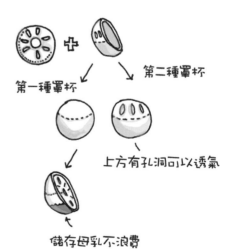

第一種罩杯

第二種罩杯

上方有孔洞可以透氣

儲存母乳不浪費

自製式

可用衛生棉對折剪裁：

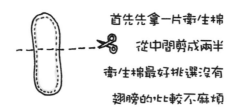

首先先拿一片衛生棉

從中間剪成兩半

衛生棉最好挑選沒有

翅膀的比較不麻煩

接著拿出透氣膠布把

上方的口貼起來避免

棉絮外露

(偷懶的話,這個步驟可以省略)

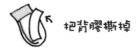

把背膠撕掉

裁成兩半的衛生棉,

就可以安安穩穩的黏

在兩個罩杯上啦

拿寶寶用的紗布來折疊：
把寶寶用的紗布折疊再折疊，就
可塞進內衣裡。不過因為容易移
位，媽媽們在塞的時候可能得
細心一些。晚上睡覺怕溢乳，
也可以用這個方法， 穿個小可
愛， 把紗布塞進去， 就可以高
枕無憂一整晚了。

說到溢乳墊，真的很有感觸，產後剛開始根本不懂這個東西，尤其剛生產完，乳汁超少，想都沒想到會有溢乳這麼一天。

直到某一日在月子中心動來動去，赫然就發現自己全身濕漉漉的，還好只有老公一人，都結婚那麼久了，看到這種窘境他應該也見怪不怪了。

當時住的月子中心樓下就有藥房可以買溢乳墊，所以馬上請老公下樓買了一盒。依稀還記得是三十片裝的拋棄式溢乳墊。當時還想：「30片，也未免太多了吧，用一個月嗎？」

事實證明完全多慮，30片用得超快，因為自從那次溢乳後，每次擠奶或親餵必溢，難道是因為乳腺大暢通了嗎？總之一天擠6次奶，雙邊各用一片，30片不到5天就沒了，有時候想回收使用都不行，因為吸滿奶的溢乳墊就像衛生棉一樣，有味道也不好重複使用。

出了月子中心，我開始搜刮市面上各大廠牌的

水洗式溢乳墊，也買了幾款國外牌子，雖然標榜材質舒適輕透，但是因為水洗式溢乳墊沒有背膠，所以非常容易移位，一個大移位後，悲慘的結果就是奶還是流滿全身。

前端凹陷定位
才不會跑歪掉

我個人最鍾愛的，是一款乳頭處有做凹陷的溢乳墊，因為可以以頭當作基準點，定位服貼胸部，不會滑動，台灣品牌，一組6片非常的實惠。

但我在家也很愛用文章中介紹的塑膠溢乳墊，其實它不算是溢乳墊，叫做矽膠胸部護罩，但因為它可以存乳，所以比溢乳墊實用得多，唯一的缺點真的是穿上後變得太雄偉，還有抱小孩時小孩會痛（因為太硬），所以建議還是在家使用。

最後我介紹的衛生棉法，是誤打誤撞自我研究後才發現，坊間很多媽咪也是這樣使用，這算是方便衛生又便宜的好方法。而且衛生棉瞬間吸水力也很夠，所以每次在水洗式溢乳墊沒乾的日子，我都使用衛生棉法。

胸罩的奧妙

懷孕後面對日漸增大的胸部， 勢必是要換胸罩了， 但選擇實在也太多了：

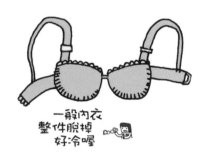

一般內衣
整件脫掉
好冷喔

買大一點的罩杯

優點：造型漂亮，哺乳期過也有可能繼續穿。

缺點：產後哺乳或擠奶不方便，罩杯太厚的須整件脫掉。

運動內衣
方便掀開

運動內衣

優點：沒有鋼絲穿起來舒服，胸罩部分可直接下拉。

缺點：產後若沒有鋼絲易下垂。

含罩杯小可愛

優點： 非常舒服， 產後也不會摩擦乳頭。

缺點： 下垂程度百分百， 建議只能夜晚穿著。

小可愛
超級好穿脫

哺乳內衣

優點：有扣環可以打開哺乳非常方便，分鋼絲款和無鋼絲款，鋼絲款出門穿很方便，也可以防止胸部變形。

缺點：哺乳期告一段落後大概也不想穿它了吧。

哺乳內衣
最方便打開

　　懷孕後期罩杯變大的媽咪，可以先買哺乳內衣穿。等到產後若是要哺乳的媽咪，可以在白天穿著哺乳內衣， 哺乳或擠奶都很方便。至於晚上可以穿一般的小可愛，加上溢乳墊，防止夜晚溢奶問題。

個人認為，發明哺乳胸罩的人，真的是一個奇才。

先來談談為什麼我這麼歌頌哺乳胸罩，經常看到有人說：「要哺乳的時候，就把原本內衣脫掉，或是罩杯翻下來就好啦！」

的確，要這樣子其實也不會有大礙，但個人認為，一旦脫掉內衣，溢乳的時候就非常噁心，總不方便一邊擠左邊一邊壓著右邊胸部吧，罩杯翻下來也經常會因為罩杯忽然一個不留神翻回去，導致寶寶臉被打到而讓他不爽。

所以後來我堅持，外出的時候，一定要穿著哺乳胸罩。至於在家裡的時候呢，我比較偏愛直接穿小可愛，因為輕鬆舒服，沒有束縛。

胸罩和溢乳墊，兩個必須要好好搭配才會相得益彰，在一開始的時候，我只考慮到溢乳墊的問題，沒想胸罩也是很重要，所以晚上睡覺的時候，因不愛穿胸罩，自然也沒有辦法塞溢

乳墊。直到有一早起床，慘劇發生，整床都是我的奶，因為帶小孩太累了，居然也可以睡得那麼熟直到白天才發現。從那時刻起，我才想到晚上應該也得套個小可愛，塞上溢乳墊，才可以睡得放心和安穩。

月子洗澡洗頭有撇步

　　老一輩的人總是說，坐月子千萬不能洗頭洗澡，以免受了風寒。月子坐不好，日後頭痛找上妳，除非在生下一胎把月子坐好補回來，不然一輩子就得接受這樣容易生病的體質。

　　問過現在的醫生後，以現在的醫學而言，從很多角度都認為這是無稽之談。因為以前和現代的生活水準不一樣，以前人的水是要用材燒，光等煮水的時間，孕婦可能就已經受到風寒了。浴室也不像現在可以做到那麼密不透風，洗澡過程可能會觸碰到冷水冷空氣，所以導致孕婦一洗澡就容易生病。

　　但到今日依然有派別認為，坐月子不可洗頭洗澡，只能運用擦澡、擦頭皮的方法來保持衛生。老實說，我當初就是被老公逼迫要求：「千萬不能洗頭洗澡！」因為本人身體太差，所以為了我好，老公堅持運用古早方法幫我調養。

可是油性皮膚如我，要不洗頭洗澡真的是太噁心又太不衛生了，所以我研究了很多不洗頭、不洗澡也可以保持乾淨和溫熱身體的好方法，一起分享給大家。

關於洗頭

DIY 乾洗粉

乾洗粉

乾洗粉的道理其實就是用粉類吸油，質地有點類似痱子粉，有的會加香料。

用過之後要把頭上的粉用細梳子梳掉，不然細粉會讓妳變成白髮魔女。還有用久了會有油粉在頭上，所以真的要撐三十天的人，可以乾洗粉和乾洗劑輪流使用。乾洗粉其實也可以自製唷，只要拿玉米粉加上小蘇打粉，就可以變成乾洗粉了，比例上玉米粉約90%，小蘇打粉只需要10%，雖然沒有外面賣的有香味，但是相對的便宜又健康，坐月子的時候用多一點也不心疼。

乾洗劑

乾洗劑

乾洗噴劑有分凝膠狀，或是噴霧狀，都是噴在頭皮上，按摩頭皮，止癢非常有效；不過對髮絲上的油，還是比較難去除。

乾洗劑其實可以用酒精替代，藥用酒精對水的稀釋比為1:1，之後用棉球沾濕，把頭髮撥開擦頭皮，一樣可以止癢和消毒。

乾洗濕巾

濕巾的好處是，除了擦頭皮外也可以很方便的擦頭髮。

市面上有專門給產婦用來擦頭皮的專用乾洗柔膚巾，其實用一般寶寶用的可以擦口鼻的純水濕紙巾，就可以拿來擦頭皮了，價格上也比較便宜，用不完還可以給寶寶用。

含水濕紙巾
擦了有洗過的感覺

乾洗濕巾

關於洗澡

洗澡相較於洗頭，其實就好多了，因為身體不像頭一出油就那麼噁心，所以洗澡的重點就是保暖，讓身體不要冷到即可。

藥浴包

市面上有各種藥浴包，最簡單的方法就是拿到澡盆裡頭用熱水沖泡，之後拿毛巾擦身體，會讓身體非常的溫熱。另外還有客家人以前月子洗澡的愛用品，用煮過的大風草水擦澡，號稱可以祛風消腫，活血散瘀。

薑水

用一般食物調理機把薑打爛，過濾後提煉出來的水，可以拿溫水稀釋，用來擦身體可以讓身體排汗去寒。

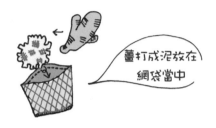

薑打成泥放在網袋當中

親自哺乳的媽媽記得，就算是擦澡用藥浴包或是薑水，每次還是要記得再用清水擦一擦胸部位置，以免寶寶喝了媽咪的奶，會吃到不該吃的味道。

即便堅持不洗澡的媽媽們，還是記得每天最好都能盆浴一下，盆浴可加一點沙威隆或是優碘在裡頭，這樣除了可以幫助傷口快點恢復，也比較乾淨。

我在產前身體就糟糕得不得了，一路吐到生，腰痛到直不起來。於是我體貼的老公，便開始嚴格督促，禁止我在坐月子的時候洗頭洗澡。

原本他是想要我堅持到一個月，剛開始的幾天我也很貼心的照他的期待都完全不碰水，只用乾洗頭和擦澡的方式。但是到第15天，油性皮膚真的不能不洗啊，我只能用慘不忍睹來形容我的頭。

除了頭髮變得很噁心之外，要產婦不洗澡，尤其在夏天真的是非常不人道。
因為生完小孩的前幾天，產後排汗會非常的多，身上也開始有一點怪怪的黏膩感，在實在受不了的情況下，我只好央求老公放任我洗澡吧。

老公有一個但書：「洗澡可以，但是一定要做到全盤防堵可能感冒的狀況。」後來在老公的監督之下，洗澡的時候站在淋浴間，先洗

不能洗頭真的很辛苦

96

頭，一洗完頭馬上用毛巾包起來，身體一洗完，也是馬上擦乾，穿上衣服。

老公從淋浴門的上方把吹風機遞進來，吹乾頭髮才可以打開淋浴門，真的是好辛苦啊，不過也幸虧如此，我月子期間沒有任何身體不適和感冒，現在的身體狀況和產前差不多，沒有更糟；不過也沒有更好，但也有可能是別的原因。總而言之，對於產婦，洗澡真的是一門大學問啊。

建議要使用不洗澡、不洗頭方法的媽咪，在產前就要把所有的清潔用品都準備齊全，可以的話，乾洗粉和乾洗劑都準備，混合使用比較清潔。另外，我個人也很推薦準備吸油面紙，用乾洗清潔過後，先用大梳子把頭髮上的粉末清除，再用吸油面紙吸頭油，雖然用量不省，但是非常的乾爽。

大排梳把粉末清除

吸油面紙吸頭油

必備的多功能抱枕

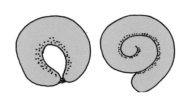

一覺到天亮

孕婦愛用的多功能抱枕，有很多種名字，也有叫樂活枕、C枕、一條龍、一條蟲、媽咪枕……反正泛指一切從懷孕時期當腰部靠墊、睡覺抱枕，產後可當哺乳枕的長條彎月型枕頭都是。

這類的枕頭懷孕中期就可以擁有一個，因為中期約四到六個月，肚子日漸變大，很多媽咪會在這時產生睡眠障礙。就是感覺有嬰兒重量壓在身上，產生腰痛的感覺，還有腳會感覺到腫脹。這個時候醫生通常都會建議側睡來減少壓力，可以把這類枕頭作為腹部的墊子，用雙腳夾住會比較舒服。

坐的時候，孕婦有一個腰部靠墊會比較舒服，這時候多功能抱枕也可以拿來使用，靠在腰後面做緩衝，把腰

部和椅子的縫隙補平，藉此可以支撐媽咪肚子的重量，也不會讓脊椎一直呈現很緊繃的狀態。

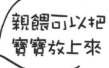

親餵可以把寶寶放上來

產後多功能抱枕也有新的生命意涵，拿來當作親餵哺乳的時候寶寶放在上面的靠枕，就不需要一直用手托著寶寶，甚至還可以雙手騰空，非常的方便。或是用奶瓶瓶餵的時候，也可以用多功能抱枕撐托住手肘，讓手不用懸空餵奶，才不會因為長久餵奶導致手部肌肉痠痛。

寶寶開始學習坐的時候，多功能抱枕又有新的用途，可以圈起來，把寶寶靠在上面，正好一個圈圈把寶寶圍繞，安全又可以讓寶寶坐得穩。

多功能抱枕長度不一,歐美賣的大部分做的是非常長一條,可以讓媽咪睡覺整圈環繞。

但個人認為,買小尺寸抱枕長度的即可,因為長的多功能抱枕雖然對媽媽睡覺的輔助很有幫助,但是日後比較占空間,而且當哺乳枕頭的時候,也會因為太長而容易卡住,所以建議媽媽買輕便的就好。

還有的媽咪會被推薦買單純的C字型哺乳枕,雖然比較厚實,親餵哺乳的時候把寶寶放在上面比較穩固,不過哺乳枕通常形狀較固定,不能隨意彎曲,所以睡覺的時候也不好抱,也就沒有所謂的多功能了。

我是C型枕

所以在此推薦媽咪可以選購有點軟度的多功能抱枕,可以一路從產前用到產後。

擠奶器好物大彙整

必須返回職場的媽媽，不能和全職媽咪一樣親自餵母奶，所以擠奶器就是很重要的配備，但擠奶器相當多樣化，要挑選適合自己的擠奶器，真是一門大學問。

擠奶器有分手動和電動，電動的又有分可攜帶式或是不可攜帶的。建議媽媽可以思考自己的需求，如果預算較多，擠奶器最好可以準備外出使用和家裡使用。但如果奶量不多，也不打算餵奶時間過久，其實一個手動的擠奶器就可以使用好幾個月。

手動擠奶器

輕便好攜帶，不需要找插座或是買電池，隨時可以使用，缺點是擠久了手虎口會很痠痛，購買時要注意是否輕便好施力。

最好購買有小花瓣形狀遮罩的

有小花才舒服

款式，因為小花遮罩可以幫助按摩，可以讓後乳擠得很乾淨。

電動擠奶器

分可攜帶和不可攜帶款。如果已經有手動的媽咪，其實可以把手動當作外出使用，直接買一個不可攜帶的電動擠奶器放在家裡。

至於電動擠奶器，不可攜帶款，但因為馬達大，所以吸力一定都比可攜帶款好，可以節省很多按摩的時間。現在擠奶器日新月異，雙邊電動擠奶器許多廠牌都有出，建議媽咪直接入手雙邊電動，可以節省一半的擠奶時間，兩邊一起擠平均清空只需要15分鐘。

最強吸力、不可攜帶的電動擠奶器，也就是所謂醫療級的擠奶器，可以有多段變速和吸力可以調整。不過因為價格昂貴，所以一般媽咪很少買得下手。

電動雙向
省時間

醫療級
吸力最強

在手動擠奶器上方裝攜帶馬達

好攜帶

可以手動或電動

電動可攜帶式擠奶器，有分
兩種款式，一種是在手動擠奶器的
上方裝一個可攜帶馬達，第二種是
直接採取比較小的可攜帶馬達。兩種
款式都同時可以插電使用或是用電池，
這對於一些經常需要外出使用擠奶器的
媽媽可以説是一大福音，因為每天在外，也不可能扛著大
馬達四處走，輕巧的可攜馬達，也可讓媽咪不會因為擠壓
擠奶器而導致手受傷。

如果媽媽的狀況是想要一次可以很快的擠完雙邊奶，
請愛用電動雙邊擠奶器；沒有過多預算，只想要一台擠奶
器，不管手會不會痠痛，請愛用手動擠奶器。出門在外的
時間很多，想要在外不要手痠，請愛用電動可攜帶擠奶
器。

上班和在家裡都想要擠奶，但是回家想直接擠雙邊，不
想再浪費時間，請愛用手動擠奶器（外用）搭配電動擠奶
器（家用）。

攜帶式小馬達 可用電池或插電

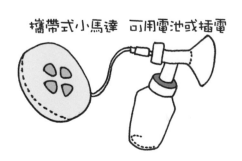

我第一次接觸擠奶器是在月子中心，他們提供了醫療級的專業擠奶器。產後前三天在醫院，我根本不知道什麼是擠奶器，雖然親餵寶寶，不過因為寶寶和我都還在學習哺乳技巧，所以吃得可以說是亂七八糟，也造成了我的乳腺阻塞。

第一次接觸了專業級擠奶器，可以說是吸力之強，像怪獸一樣勇猛的把我吸得快哭泣，感覺就像是千萬根針在刺我的胸部。各位偉大的媽媽們，生完小孩已經是疼痛萬分了，沒人告訴妳，擠奶和哺乳也是更疼痛的工作吧？總之，就咬緊牙根撐過去吧，約莫一兩個月妳會變鐵奶，屆時擠奶和哺乳都不是苦差事。

用擠奶器很重要的是要善加按摩，因為擠奶器不如親餵，比較難吸得很乾淨，但如果有乳汁堵塞的話，嚴重的後果可是會造成乳腺炎的。所以請記得在擠前可以先用溫熱水熱敷（但如果已經乳腺阻塞的媽咪請不要敷了，因為會更腫更脹）。

敷過可以用手指輕輕由乳房外向內推，讓乳腺暢通，如果遇到有小小的阻塞點，可以稍微用力一點點，以畫圈圈的方法把它推開，一次推不開的話，下次擠奶也用心推一推，連續多幾次，就可以很順暢的疏通了。

醫生也建議，輕微阻塞的媽咪，可以多增加親餵時間，藉由寶寶使出吃奶的力氣，讓妳的乳腺打通任督二脈。媽咪哺乳期間也可以吃卵磷脂保健，卵磷脂也具有暢通乳腺的功用。

其實專業級擠奶器也有在出租，若確定哺乳時期不會太長，預算夠又不打算長期擠奶，可以考慮租一台擠奶器使用。

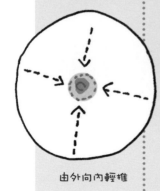

由外向內輕推

集奶用品很多元

　　辛辛苦苦擠出的母乳，若沒有好的蒐集用具，進了細菌也是枉然，不能給寶寶喝，挑選自己覺得實用的集奶用品，也是一個大學問。

玻璃集奶瓶

　　有些媽媽在網路上搜尋到的玻璃集奶瓶，會吸附母乳的活性細胞，導致母乳不營養。所以經常會聽到有人說：「玻璃不能放母乳。」

　　其實這種疑慮是多餘的，只要母乳在瓶內24小時之後，活性細胞會脫落回到瓶內，或是加熱的過程也會幫助細胞歸位，所以不用擔心。

　　不想要多花錢買，也可以用自家原有的玻璃奶瓶作為玻

使用奶瓶當集乳瓶的方法：

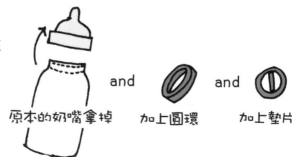

原本的奶嘴拿掉　　and　　加上圓環　　and　　加上墊片

璃集乳瓶。

　或者也可用一般的玻璃瓶子，也可以DIY成集乳瓶，但因為蓋子不能消毒，所以蓋子和消毒過的瓶身中間請用保鮮膜包阻隔開。

　個人建議：

　玻璃瓶作為集乳瓶非常的好，可以使用各種消毒法，也可重複使用，又不含塑化劑，可以說是既環保又安全。但唯一的缺點是過重，有時候又容易打破，媽媽們使用上必須小心點。

塑膠集奶瓶

　塑膠有分PC和PP及PES 還有PA，目前PC奶瓶幾乎已經在市面上被淘汰了。

　PC：耐熱度約100-120度，易溶出雙酚 A。

　PP：耐熱度約160度。

　PES：耐熱度約180度，廣泛使用於醫療器材上。

　PA：耐熱度約180度，較耐磨，瓶身不會產生環境荷爾蒙雙酚A有毒物質的危險。

　　市售多功能儲存瓶，可以集乳，或放副食品都很方便。若不想買市面上販售的

有的塑膠儲存杯
有規定使用次數
要注意包裝說明

塑膠集奶瓶，也可以用自家塑膠瓶代替，其實只要塑膠上的標誌是5號PP，就代表可以重複消毒使用，這類的容器只要消毒過後，都可以拿來集奶。也有廠家生產多功能儲存瓶，可以集乳或放副食品。

個人建議：

塑膠有輕巧的特點，但缺點是塑化劑問題讓人疑慮，還有建議不要使用紫外線消毒法容易讓塑膠脆化，刷洗時也請以海綿，較不傷害塑膠表面。另外，一旦發現塑膠瓶有刮痕，請立刻更換，以免滋生細菌。

母乳袋

母乳袋是單次用品，用過即丟，非常的輕巧，有分直立和平躺式，各有存放的方法。

平躺式母乳袋還有分成自黏和貼紙款，自黏款是袋子本身就有貼上雙面膠，對於上班族媽媽來說，在外使用比

有腳可以站立

直立式母乳袋

可以一個一個排好

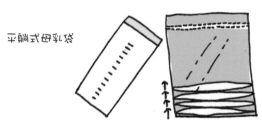

平躺式母乳袋

可以使用夾鏈袋

依序把母乳袋

堆疊起來

較方便，集乳的時候只需要帶一個袋子進去就好了，不用多拿貼紙。而且冷凍的時候，自黏款因為日期寫在母乳袋上，也不會擔心貼紙脫落導致不知道儲存日期。

個人建議

母乳袋經過消毒，安全衛生，且輕巧又好攜帶，但缺點是價格太貴，媽媽們不妨多上網比價，網路上也有很多便宜的母乳袋。

另外個人認為，平躺式母乳袋儲存在冰庫較省空間，但直立式有著可站立解凍的特點，媽媽們可以衡量自己冰箱大小，再來決定要用哪種母乳袋儲存母乳。

自黏和貼紙款PK比一比：

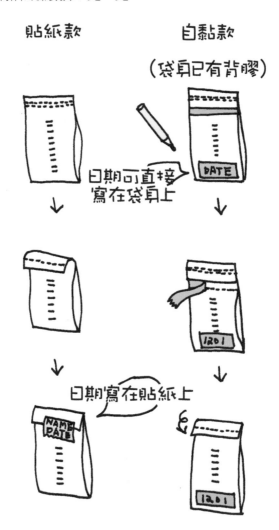

我的
心得分享

產前我完全沒有做集奶用品的功課,直到生完後,在月子中心才發現,原來這也是一門學問。建議媽咪們都先在產前買好自己需要的集奶用品,以免和我當初一樣,生完才手忙腳亂的。

我第一個接觸的是玻璃的集奶瓶,且因為前陣子的塑化劑問題,所以我有對於所有容器都會堅持要用玻璃的癖好,和眾人推廣玻璃集奶瓶的好處。不過我知道很多人喜歡輕巧的塑膠,其實只要材質確定不會溶出雙酚A,對寶寶沒有健康疑慮,使用上也是沒問題的。

我很愛玻璃瓶直接加熱後接上奶嘴就可以餵食這點,這樣少洗了一個瓶子,也少一道消毒手續,對上班婦女而言真的是方便很多。
基本上我認為玻璃瓶的好處在於可重複使用消毒,不會溶出有毒物質,所以給一百個讚。
不過因為考量到日後要上班,所以必須使用母乳袋來做母乳冰棒冷凍存貨,這讓我十分

的頭疼。因為母乳袋其實就是塑膠產物，矛盾啊矛盾！

所以現在我的做法是，用母乳袋冷凍母奶，但是真要喝的時候，我會把母乳袋常溫退冰，再把半冰不冰的母乳冰碎片倒進玻璃奶瓶當中，才進行加熱。

原來坐月子也可以很簡單

坐月子自古以來，在華人的社會，感覺被神化了，從小婆婆媽媽就經常告誡女孩：「妳現在身體不好，唯有靠生完小孩坐月子來調養，才會讓妳脫胎換骨變健康起來。」有的媽媽是生完第一胎，身體依然不好，就會被拐：「妳身體不好就是月子沒坐好，再生個第二胎，調回健康的身體吧！」

但是在老外的眼中，坐月子簡直是不可思議！

以前在美國的一個洋人朋友，老婆才生完小孩的第二天，便立刻開車載著才一天大（其實是幾個小時大）的嬰兒出門。如果是在華人圈，大家首先會罵這個母親失職，把孩子帶出來拋頭露面，接著就會危言聳聽，用司馬中原先生講鬼故事的口吻說：「妳以後一定會身體不好。」

若是問老外媽咪們：「產後有沒有多多休養？」

她會告訴你：「剛喝了一大杯的水，補充生產流失的水分。」或是說：「剛剛吃了冰淇淋增加熱量。」我的老天

爺啊，真的是東西方文化大不同，不知會氣壞多少華人的婆婆媽媽們。

我個人的經驗是，坐月子，真的是華人非常看重的事情。例如新加坡習慣請月子婆到家裡幫忙坐月子；也和台灣一樣，月子裡習慣吃麻油雞。中國大陸更不用說，坐月子的習俗的繁瑣，就和台灣大同小異。到底有哪些坐月子的方法可以讓媽咪選擇呢，待我細述優缺點：

月子中心的選擇

現在的時代進步了，月子中心如雨後春筍般的一家家開設，媽咪們首先第一步要先了解的是，這家月子中心是否有政府合格的立案？接下來月子中心都各有優缺點，標榜的都不大一樣，所以媽咪們可以衡量幾個自己的需求來選擇月子中心。

對餐點的要求

有的月子中心採古法，用純米酒水煮食，讓媽咪氣血循環好；也有新式的月子中心，是每餐請營養師算好卡路里，讓媽咪

傳統坐月子法
米酒是絕對
不可缺的

產後不會因暴飲暴食補過頭而導致體重增加。

不過目前在台灣所有的月子中心，所提供的餐點都是只有媽媽一人份，所以即使先生同住，也不會供應先生的餐點。

一定要用煮沸過的鍋爐水洗澡必要嗎

古法要求，要擦澡一定要用煮沸過的鍋爐水，所以有的月子中心則是強調古法鍋爐水洗澡，保證水質不出狀況。

醫院附設的月子中心

若是選擇醫院附設的月子中心，好處是讓整個月子期間，都不用擔心媽媽與寶寶的身體出問題。

嬰兒室是否透明化

坐月子，除了是調養媽媽身體的重要時間，另一個重點就是脆弱的新生兒照護。有些月子中心的嬰兒房是全天候玻璃窗口，讓媽媽們可以隨時觀看到護士對小寶寶的照顧狀態。

每間月子中心也因為房型的不同，價格有所區分。大的房間除了有雙人床之外，也有一個小客廳，可以讓朋友來的時候，不會直接進入臥房；中級的房間會有雙人床，讓先生也可以一起同睡。基本房型則是單人床，有的會備有一張長沙發，可以讓先生休息。

有任何問題都可以問我

月子中心可久住或短期住，一般而言短期不可短於十天，而長住也是以一個月為準。住在月子中心的好處，是有專人可以照顧寶寶，讓媽咪大部分的時間都可以休息恢復。一天五餐包括點心和補品，媽媽基本上除了餵奶和擠奶的時間，如果沒有訪客或其他活動，就是盡情的吃與睡。媽媽有問題也可以直接詢問月子中心的護理師，從如何抱嬰兒到如何哺乳洗澡，都可以詢問，月子中心的護理師會耐心的逐步教學。

另外需要注意的是自己的預算，因為月子中心大多不可刷卡，需要直接付現。還有要考量入住的天數，有的媽咪因為身體比較虛弱，想要住滿一個月，但是有的媽咪覺得一個月太久，住了一星期就悶得發慌，想出外透透氣。

現在的月子中心都非常搶手，有些風評熱門又搶手的月子中心，建議準媽咪要在懷孕四五個月之前，就火速參觀，預先付訂金，生完才可安心的入住。

專門到府坐月子服務的阿姨

有很多公司都提供到府坐月子的服務，到府坐月子有分半天9小時和全天候24小時兩種。來幫忙坐月子的阿姨會

幫忙煮飯、洗衣，照顧寶寶和替寶寶洗澡，基本的照護和月子中心大致雷同。

優點是可以讓媽媽在熟悉的家裡充分休息，可以請月子阿姨煮一些喜歡的料理，葷素食都可以要求，飲食比較多樣化，食材方面因為可以要求月子阿姨當天現買，所以較為新鮮。

寶寶照顧方面，因為在自己家中坐月子，阿姨只有一個人，所以有時候，例如當阿姨需要上廁所，或是只請半天的阿姨的話，媽咪們可能就有些時段要自己開始學習照顧孩子，所以對於寶寶的親密度可說是百分百。

但是在請月子阿姨之前，要注意月子阿姨有沒有護理相關背景或是證照，當然口碑是很重要的。

由家人照顧坐月子

請婆婆媽媽、姊姊妹妹幫忙坐月子，是傳統坐月子最常見的方法。家人幫忙坐月子的好處是，除了可以在熟悉的環境當中休養一個月，也可以提早和家人一起共同熟悉日後照料寶寶的方式，此外比較不用多花錢，只需要給家人一些補貼，真的是要好好感謝家人的愛心。

但因為時代不同，教養的方法也不盡相同，所以在我周

遭也有例子是家人在幫忙照顧孩子時，因為爺爺奶奶24小時都抱著小嬰兒睡覺，導致媽媽坐完月子接孩子回家，小寶寶居然沒辦法習慣自己平躺在床上睡覺，反而造成媽咪坐完月子，越來越累的情況。

　　所以在坐月子之前，家人都能事先坦誠溝通好，才不會讓媽咪在生完小孩之後，除了身體難以好好休養外，內心又因有與長輩不同意見的壓力而暗自委屈、難過。

　　家人幫忙坐月子的最大好處是可以煮媽咪想要吃的東西。

　　不過若是不想麻煩家人煮，訂月子餐也是好方法。坊間很多月子餐公司，會在白天把當天所有月子餐送到家，只需要加熱就可以食用，非常的方便，除了三餐外也有點心和補品，營養足夠滿點。

　　總歸來說，無論用哪種方式坐月子，有些傳統古法，還是值得好好遵守：

到府月子餐
密封包裝不怕滲漏

多躺多休息

　　媽媽們在懷孕的時候，挺著一大顆肚子，身體的承受力

是青春小姐時的好多倍，坐月子的時候，應該多躺著休息，讓身體五臟六腑歸位，不然開始繼續工作和當媽媽後，如果拖著一個疲憊的身體可是會讓自己更加痛苦。

吃得好

　　月子餐著重的湯湯水水，一方面可以藉由食材的溫補讓媽媽身體回復元氣，二方面多喝湯水和吃高蛋白的食物，會促進媽媽乳汁分泌，哺育寶寶，尤其是產後剛開始的黃金初乳，對寶寶而言是最重要最營養的食物。

產婦需要大量的休息，才可以恢復得快。

不要受涼

坐月子最重要的就是，吃得好，補元氣。

　　古法有言，產婦千萬不可吹風，因為產後身體虛弱，如果感冒了對媽媽身體很不好，而且以中醫觀點若是產後受到風寒，很容易日後頭痛身體痠痛。

　　媽媽們在月子期間可以將空調調整為26-28度，風向不

可直接吹到身體，調整吹向牆壁製造空氣循環即可。但也不要因噎廢食，完全不開空調，因為空氣悶熱可是會造成身體更加不舒服，也容易中暑。

注意個人衛生

產後身體還很虛弱，媽媽們如果沒有注意個人衛生很容易造成感染，就算是依照古法不洗頭洗澡的媽媽，也要每天擦澡擦頭加上盆浴，乳房的清潔也很重要，才不會讓寶寶吃到髒東西。

我的
心得分享

我懷孕的時候正值在國外工作，當時和家人討論，因為身體太差等等的考量，確定要一生產完就直接入住月子中心。因為人在海外，沒辦法一一參觀月子中心，所以我就靠著上網比較大家的口碑和打電話給月子中心詢問細節來了解。

其實上網看口碑這是個非常好、能夠了解月子中心的方法，因為這都是親身住過的媽咪經驗，當然，各位準媽媽也是要先自己做功課，並且衡量幾個優缺點再來選擇到底是要在家坐月子？還是去月子中心？

我建議，如果要去月子中心的媽咪，若沒有特別的選擇月子中心的概念，可優先從醫院附設的月子中心下手。會有這樣的體悟，是因為當我產後出院時，被醫生告知寶寶黃疸嚴重，必須照光治療。當時醫院建議我自行先往月子中心，把寶寶留在醫院照光，而母奶可以每天由先生送到醫院給寶寶喝；當然也有醫院會在照光時間，直接餵食配方奶，也就不用麻

煩送奶了。

還好當時我選擇的月子中心是醫院附設的，在我打電話詢問過後，確定醫院小兒科有照光設備，所以就直接把寶寶帶去住月子中心。這樣的好處是不需要再請人送母奶，而且寶寶若是黃疸嚴重，反覆照光也不用接來送去。

若是在月子期間因惡露問題嚴重，也可以直接在醫院看病，等於不需要出月子中心就可以有妥善的醫療，這點對於產後身體不是很舒適的媽咪們而言，算是很大的一個方便。

在這邊不特別推薦坐月子一定要哪個方法才好，因為各有優缺點，總歸來說，月子中心可以享受專人伺候，但是說穿了就是金額昂貴；而在家坐月子可以省錢，但是必須媽媽自己付出一些身心體力。人生就是這樣，總會有失有得的啊！

3

哎呀，要上班了

產後減肥大秘技

鬆垮垮

　　懷胎十月，為了讓身體裡頭的寶寶營養多多，媽媽們往往都會把自己補得很「強壯」，坐月子時期，又因為婆婆媽媽的關切，吃得又更營養了，導致很多媽咪在產後要開始上班，最擔心的問題是：「同事還認得我是誰嗎？」

　　除了體重可能上升，最恐怖的還有肉肉的鬆弛，一生完孩子第一次洗澡的瞬間，會驚覺，為什麼屁股馬上是垮著的，還有肚子的肉好像一層軟趴趴的布料。

　　書上都寫著，媽媽如果可以的話，最好做仰臥起坐來讓肚子肌肉緊實，但是產後在坐月子期間，會忽然發現自己的身體完全無法做運動，不用說仰臥起坐了，連基本的抬腿，可能都抬不起來，肌肉的鬆弛，讓媽媽們連一點力都使不上。這時候緩和的伸展動作，是很適合媽媽的好運動，透過這種緩慢的伸展，可以逐漸幫助身體，重新拾回以往的肌耐力。

介紹幾個產後一個月期間可以做的簡單運動，媽咪產後在坐月子的當中，可以做這幾個簡單的動作，先幫助媽媽回復體力，其他稍微劇烈一點的動作，請一個月後身體逐漸恢復再開始大動作。

暖身

坐在床上

・雙腳打直，腳踝轉動；先一起向右轉五次，再一起向左轉五次，接著一起向內轉，一起向外轉。

・把腳板向上壓，鬆開，再往下壓。這個動作可以幫助腳部肌肉的放鬆，會讓媽媽的小腿非常的舒適。

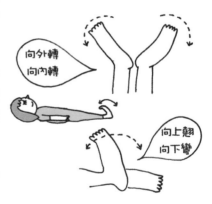

・盤腿，緩慢的向左轉頭，停止，再緩慢的向右轉頭，停止；兩手臂交叉，十指互握，大拇指向下，緊握後由內向外畫圈十次，之後交換手再轉十次。這兩個動作會讓頭部肌肉和手臂肌肉伸展。

緩慢旋轉腰部

・雙手互握，舉向頭頂，以胸部第七胸椎作為圓心緩慢的往左轉十次，停止後反向向右轉十次。可以幫助胸部擴張，做完背部肌肉也會延伸得很舒服。

幫助骨盆回正的瑜伽動作

屁股坐在腳板上，雙手手掌相握，向上延伸，緩慢的把右邊的屁股坐在左腳板上，頭和手向著右側彎曲，回正。

再緩慢的把左邊的屁股放回右腳板上，頭和手向著左側彎曲，回正。這也就是瑜伽所謂的美人魚式。

平躺，雙手攤開，兩腳彎曲，腳板向外打開，膝蓋一起往左邊放，臉往右邊轉；反向，膝蓋一起往右邊放，臉往左側轉。這個運動和上面的運動本質上一樣，只是比較溫和。

正面看　　背面看

坐穩

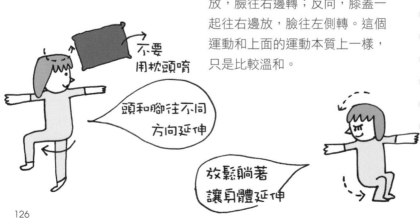

不要用枕頭唷

頭和腳往不同方向延伸

放鬆躺著讓身體延伸

126

訓練腹部的緩和運動

這個運動僅止於自然產的媽咪可以做。

剖腹產的媽咪請等傷口完全恢復才可訓練腹部肌肉。

平躺，雙腿伸直，手往上，拇指緊扣，運用肚子的力量，緩慢的從腳跟把雙腳向上抬。剛生完一個月的媽媽，基本上是完全抬不起來的，不過不用擔心，抬不起來也可以，因為重點只是要運用到腹部的肌肉即可，做的時候會感覺非常的累，肚子很難受，只需要做三到五次即可。

吃補品撇油的好方法

飲食方面，為了補充母乳，大部分的媽媽不外乎都要進補一些湯品，有的媽咪怕之後肥胖上身，所以不敢喝補湯，這樣因噎廢食，會導致媽媽奶量不足，其實吃補品也有撇油的好方法。

例如月子必補的豬腳燉花生，媽媽們可以把豬腳的皮剝掉，這樣就可以免除過多油脂，或是把油類過多的食材換

上層油
下層湯

成魚類，不但可以補充DHA讓母乳營養多多，同時喝魚湯也可以讓乳汁充沛。

若是真的逼不得已，必須要喝油脂較多的湯品，媽媽們可以等湯微涼之後拿吸管吸取下面的湯汁；不喝上面的浮油，這樣就可以撇掉不少的油了。

另外澱粉的分量也可以減少攝取，媽媽們盡量在餐前先喝湯品，讓肚子不要太飢餓，再吃大量的青菜，佐以肉類，澱粉量減少，以這樣的方法進食，比較不會復胖。

我的
心得分享

產前醫生都會建議孕婦，懷孕時體重最好增加在12公斤之內，但依照個人體質會有所斟酌，本身體重過輕的媽咪，醫生會建議可以增胖一點到15公斤，而體重過重的媽咪就得努力養胎不養肉，盡量控制在11公斤之內。

體重的增加，對於寶寶的身材並沒有直接的關連，以日本為例，在懷孕期間，醫生建議體重大約是增加9公斤之內，比起台灣真的是很

嚴格的了。

我是易胖體質，從出生開始就一直被體重所苦，從來沒有過骨頭人、紙片人這種感覺，只能追求不胖也不瘦的中間路線。所以孕期我很注意控制飲食和糖分，過甜的水果不吃，蛋糕甜食不吃，糖水飲料不喝，再加上因為產前恐怖的孕吐，所以孕期體重並沒有超過醫生建議的標準。

但是產後依然還是掛著多餘的肉，這對本身已經不是瘦子的我，更是需要好好剔除。還好在月子時期，我有上瑜伽的課程，緩慢的訓練肌肉，另外月子餐裡所有的油脂食物，我都撇油加上過水，所以不會攝取過多的油分，可是為了充足的母乳，我還是堅持每天一定要吃得飽，絕不餓肚子，這樣才會有好質量的母乳唷。

塑身衣是好幫手

　　幾乎所有的媽咪都會在產前開始購買自己所需要的塑身衣，希望可以在生完孩子後馬上開始雕塑身材，有的人建議自然產後可以在7天後穿上塑身衣，而剖腹產要等14天。不過就醫生的觀點而言，塑身衣並不能在產後馬上穿上，最適合穿塑身衣的時機，是自然產媽媽惡露結束後約一個月，剖腹產媽媽在六個月後傷口完全癒合，才可以使用這類產品。

塑身衣

　　產後塑身衣的選擇很多，有分為連身塑身衣，還有專攻下腹部的塑身褲（俗身束褲），或是上腰部及強調托胸的馬甲款塑身衣，建議媽媽們可以選購連身整件式的塑身衣，無須重複穿兩到三件不同部位的。

　　至於牌子的選擇，有人喜歡大廠牌，或是明星加持，有的人則是上網路購物找尋平價卻口碑好的款式，其實見仁

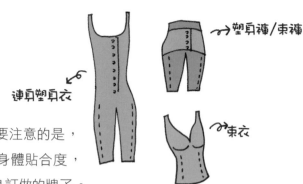

塑身褲/束褲

連身塑身衣

束衣

見智，唯一比較需要注意的是，
如果媽媽們很在意身體貼合度，
可以找尋有幫忙量身訂做的牌子。

此外也有不像傳統鐵甲上身的輕質布料的塑
身衣，拋開了塑身衣給人的既定印象，沒有緊
繃的布料和鋼條，而是用很貼身的布料包裹身
體，好穿脫，適合初次穿著塑身衣的媽媽，
或是上班需要長時間，怕布料太繃不舒適的媽
咪。

連身無鋼
條塑身衣

骨盆褲&骨盆帶

骨盆褲和塑身衣不同，骨盆褲是拿來幫助骨盆歸位，為
什麼骨盆的歸位很重要，因為產後骨盆還是開開的，如果
沒有使骨盆歸位，容易造成產後的子宮下垂。

塑身衣和骨盆褲的搭配，最好是白天穿著塑身
衣，晚上穿著骨盆褲，骨盆褲剛開
始穿著的時候，睡醒會有一種身體
痠痠的感覺，不用擔心，這就是有

骨盆帶

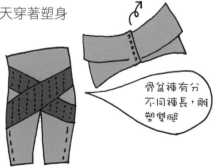

骨盆褲有分
不同褲長，雕
塑雙腿

白天穿塑身衣

晚上穿骨盆褲

在調整骨盆的位置。

　骨盆褲有出不同褲長的，其實主要也是複合塑身褲的功能，束住大腿部線條；如果覺得穿著骨盆褲很熱的媽咪，也可以只穿著骨盆帶。

骨盆操

　除了強化骨盆的瑜伽運動，也可以在每天下班回家做做骨盆操，來幫助骨盆回到健康的位置。

　骨盆操開始——

　平躺，雙腿打直，腳趾頭抓緊放鬆30次，藉由運動來放鬆骨盆周圍的肌肉。

　做完以上的動作，我們再分成睡前和睡醒兩種不同的運動骨盆方法：

腳趾頭抓緊放鬆

睡前法

兩腳與肩同寬，腳趾頭向外側
倒，趾尖往上翹，吸氣雙腳一起
往上抬30公分，10秒後，雙腳
一起放下 ，躺著兩分鐘，這時
候會感覺腳趾到腿部都有一種微
熱感。

睡醒法

兩腳大拇趾相靠，呈現三角狀
態，腿向上抬起約30公分，吐
氣，抬高10秒後放下，兩腳會有
微熱的感覺。

上班的時候也可以利用公司的椅子做骨盆操！

只要短短幾分鐘，就可以讓身體有所放鬆，同時回復到
產前腰圍。站在椅背後，全身站直，雙腿打開與肩同寬，
手扶著椅背，一邊呼氣一邊把左
腳向後踢起，腳跟處碰到屁股中
央，兩腳交互做五次。

133

在生產前,因為看電視廣告很多女明星代言塑身衣,看了讓人心癢癢,一心幻想著穿著某某牌的塑身衣就會變身成某某某。

說實話,這還真是癡心妄想,其實塑身衣對於產後減肥的幫助不大,主要是雕塑功能,因為有一定的緊度,所以對於身體姿勢的提醒也有些幫助。塑身衣不是瘦身衣,它能提供的是雕塑功能,媽媽們在產後除了靠穿塑身衣恢復身材,主要還是需要甩肉甩油才可以雙管齊下效果好。

上班族媽咪因為每天都很忙碌,所以塑身衣除了要求緊度之外,上廁所的方便性也要顧到,褲子方面最好可以買下方有開口可以直接如廁的款式;或是直接購買沒有鋼架的塑身衣,穿脫方便,上廁所也不成問題。

晚上回家,記得就要換回骨盆褲睡覺,藉由骨盆褲幫助調解自己的骨盆位置,達到相輔相成作用,想要重回產前的好身材,不是問題。

上班族媽咪的三種包

　　身為一個忙碌的上班族媽咪，一定要有三種包，第一種是俗稱的媽媽包，也就是平常帶著小寶寶出門的時候那個大包小包；第二個就是上班的時候所準備的上班媽媽包；第三個就是要拿給保母或照護者的寶寶包。

　　如果不是上班族的媽咪，第二、三種包就可以不需要使用，但若是產後依然要去工作的媽咪，我強烈建議一定要有這三個包才不會手忙腳亂。

最重要的媽媽包

　　帶小寶寶出門要準備的東西真的很多，舉凡尿布一天份、奶粉一天份、奶瓶、濕紙巾、替換的口水巾或圍兜；再大一點點又要多帶附食品一天份、湯匙和碗、水壺、玩具。所以說，好的媽媽包，才會幫助

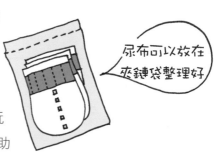

尿布可以放在夾鏈袋整理好

媽媽們出遊順利，不會狼狽一整天。而且每個要帶的小東
西，都先要有所收納，才不會讓包包亂七八糟的很難找東
西：

用奶粉分層盒
收納一天所需要的
餐數奶粉

如果一天要吃很多次
可以只帶一個奶瓶
等到要重複消毒的時候
去公共場所的哺乳室借用熱水
燙一下

濕紙巾帶純水的
可以幫寶寶擦口鼻

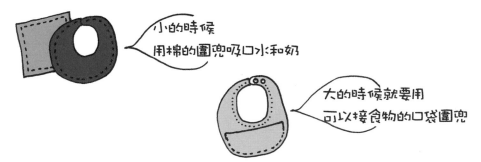

小的時候
用棉的圍兜吸口水和奶

大的時候就要用
可以接食物的口袋圍兜

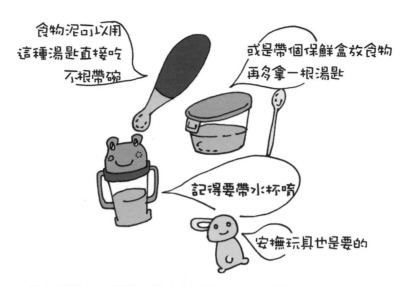

食物泥可以用這種湯匙直接吃不根帶碗

或是帶個保鮮盒放食物再多拿一根湯匙

記得要帶水杯喔

安撫玩具也是要的

　　很多媽媽在產前就開始先備妥媽媽包，其實媽媽包什麼牌子都有出，要拿不是媽媽包的包，來改裝成媽媽包也是很好用的。

　　總言之，媽媽包選擇的重點是：大且輕巧。因為帶小朋友出門哩哩扣扣的東西實在太多，有時候弄了一堆垃圾沒處丟的時候，也很悲情的只能塞進媽媽包，所以真的是越大越好。但是帶著孩子又重又累，包包內的東西又多，所以這時候如果包包本身重量輕，可以幫媽媽節省很多體力。

　　之前有個朋友特地在產前買了全真皮的名牌媽媽包，看起來漂亮又大方，但是因為媽媽包內又裝奶粉又裝尿片，

最後太重了，所以一次都沒背，只好二手出清，在此告誡媽媽們，除非妳經常是自己開車出門，不然還是買輕巧一點的媽媽包吧。

市售的媽媽包，都會有幾個必備項目：

放奶瓶的直立口袋

千萬不要小看這種口袋，如果沒有這種口袋，奶瓶在包包內晃來晃去，除了有聲音之外，有時候也會有外漏的危險。有的媽媽包口袋部分會做稍微厚一點的隔熱材質，把奶瓶塞進去的時候還可以保溫奶，十分的貼心。

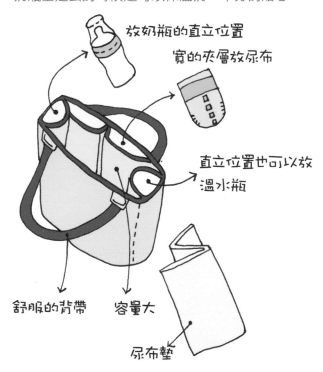

放奶瓶的直立位置

寬的夾層放尿布

直立位置也可以放溫水瓶

舒服的背帶　　容量大

尿布墊

媽媽包也有很多大大小小的口袋，可以塞尿布和其他小東西，因為分層很多，所以東西不混亂。有些媽媽包也大多配有一個尿布墊，在公共場合換尿布非常方便，有時候出門在外雖然有尿布檯，但是也不知道清潔單位有沒有整理，這時候拿出尿布墊就不怕有衛生問題了。

如果不想買市售的媽媽包，我的建議是使用一個輕巧的大包，直接放置包中包分隔袋即可。分層袋請注意一定要有開口比較大的，可以放尿片，還有方型開口，可以直立放奶瓶，想要保溫奶瓶的媽媽，可以拿一般的保溫水壺袋包住奶瓶，就可以塞進媽媽包內了。

多層夾層袋↖
什麼都可以放

可以用寶特瓶
保溫袋放奶瓶

上班族媽媽必備的「上班媽媽包」

上班媽媽包，我在這邊指的並不是放寶寶尿布奶粉的媽媽包，而是給上班族媽媽，必須要準備帶去上班的包包。

上班媽媽要做的事情太多了，一邊上班，一邊可能還得算準時間去擠奶，加上偶爾要適時打電話，關心一下託人照顧的小寶貝，上班的時間必須被分割成很多片段，而且

什麼是
上班媽媽包啊

就是媽媽
帶去上班用的包啦

也得快速的在每個角色當中轉
換。

　　所以我建議上班族媽咪都能準備
一個上班媽媽包，裡頭必須要有的東西有：

・擠奶器

如果媽媽餵食母乳的話，擠奶器
可以用保鮮盒放置，也方便消
毒。

集乳瓶和保溫袋

把擠出的母乳攜帶回家。

保溫瓶

擠奶前喝一大杯熱水，可以讓媽
咪奶汁充沛不缺水。

筆記本

讓媽咪隨時可以登記工作與家庭
的事項。筆記本可以挑大一點，
一邊登記著家庭事務或與保母聯
繫的事項（有點類似家庭聯絡
簿），另一邊登記著工作必須記
憶的事項。

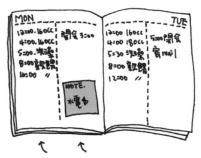

筆記本分成工作事項和寶寶事項
可以很輕鬆知道每天行程

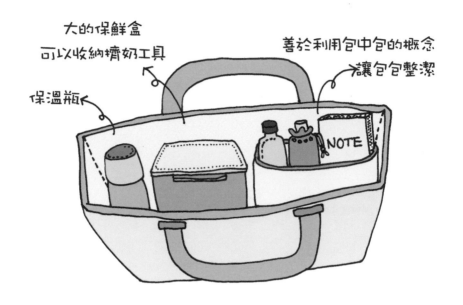

大的保鮮盒
可以收納擠奶工具

保溫瓶←

善於利用包中包的概念
讓包包整潔

NOTE

　媽媽們的包包可以放個大的包中包分隔袋,把這些東西都一一按照序列放好,之後要換包也很方便,直接把分層包拿出來放置在別的包包就可以了。

寶寶包

　除了上班媽媽包,要把寶寶託給保母照顧的媽咪,也要另外準備給保母的寶寶包,裡頭必須要有的東西有:

寶寶一天要喝的奶

如果是母乳寶寶，寶寶要喝的奶
可以先放置在集奶瓶或母乳袋當
中。如果是奶粉寶寶只需要放一
罐奶粉在保母家就好了。

空奶瓶

寶寶一天要喝幾次奶就直接給保
母幾個空奶瓶，晚上再統一帶回
家消毒，會比較安心。

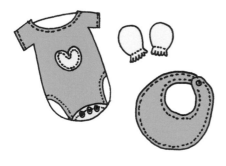

寶寶要換洗的衣物

有時候寶寶吐奶或是流汗可以讓
保母幫忙換衣服。尿布直接放一
大包在保母家即可，不需要特別
放在寶寶包內。

我的
心得分享

當了媽媽後，會發現日常所需要帶的東西真的好多，如果不好好有一個收納功能強的包，很容易會亂了手腳。其實我本身很喜歡每天都換不一樣的包包，即使是媽媽包，一段時間我也會換一個包使用，所以不喜歡特別拘泥於買原本就是媽媽包功能的包。

取而代之的，我買了幾個分層包，配合化妝包大小的整理袋子，可以把小朋友需要的東西和我自己的東西整理得很好。平常就把這些東西放在包中包當中，要換包的時候可以直接換比較方便。

至於要帶去上班的包包，可以沿用以前未懷孕的時候上班要帶的包，只是記得擠奶的配備要放好，或是另外拿個小手提包分開放，才不會手忙腳亂的。

公司內如何擠母乳&保存

台灣《性別工作平等法》規定， 媽媽在上班時間可以有兩次擠奶時間。公司如果有集奶室擠奶就不成問題，但很多小公司沒有哺乳室，會議間又經常被人使用，可憐的媽咪只能使用狹小的廁所作為擠奶空間。

上班族廁所擠奶配備大搜秘

若要在廁所等狹小空間擠奶， 通常我會準備：

大密封盒

盒子可當臨時小桌使用，把東西都安放在內。盒子也可以當作擠奶器的收納盒及消毒盒（請參考公司擠奶器消毒單元）。

殺菌濕紙巾

消毒雙手或環境， 也可把溢出的奶擦掉。

擠奶器

不在家時我多用手動吸奶器，
可以省掉找電源的麻煩。

擠奶器

濕紙巾

集奶瓶

廁所擠奶大剖析

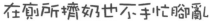

有好方法

在廁所擠奶也不手忙腳亂

密封保鮮盒
放妥所需要的物品

把馬桶蓋翻下來
擦拭過蓋子
就可以坐下當椅子

通通塞夾鏈袋收納
方便又乾淨

母乳的保存

新鮮母乳可存放室溫3至8小時，但為了衛生起見，還是立刻把新鮮擠出的母乳放在公司的冰箱內吧。可以使用密封袋把蒐集好的母乳放置進去，才不會讓共用冰箱的食物味道汙染到母乳瓶上。

若是外出或是公司沒有冰箱可以使用的媽咪，也可以使用冰寶來保存新鮮的母乳。冰寶的外面可以包附保冷材質的袋子，或使用保麗龍材質包覆增加冷度。

只有一個瓶子的話，也可以用水壺袋存放。

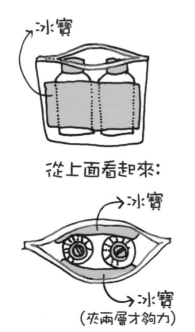

冰寶

從上面看起來：

冰寶

冰寶
（夾兩層才夠力）

KEEP ICE

KEEP ICE

水壺袋有保溫層
可以讓內容物保冰

不想買冰寶，也可以自製冰寶，可用報紙或廚房紙巾多拿一些，把它吸滿水，吸滿水後，將之放入夾鏈袋中密封，並且冰入冰箱冷凍庫。等到全部都結冰後，就是一個免錢冰寶了，因為柔軟度夠，可以緊密貼附瓶子。

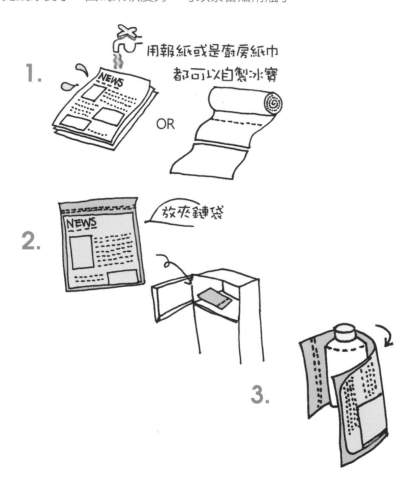

如果公司內完全沒有冰箱的媽咪也不要失望，我們還是堅持母乳一定要新鮮！這種時候，可以拿個保溫瓶，在前一天先把冰塊放入，讓保溫瓶內一直保持著冰冷的效果，第二天到公司擠出母乳後，再把保溫瓶內的冰塊及水倒掉，把新鮮母乳倒進去，一樣會有冰鎮的效果。

冰塊丟到裡面

等到保溫瓶充分冰鎮後
再把冰塊和水倒掉
放入母奶

我的
心得分享

本人非常急性子，凡事都喜歡快快快，所以若是有一個不方便之處，就會讓我覺得十分惱人，偏偏我找的幾間公司都沒有擠乳室，這讓我非常的頭疼。

所以在準備回去職場前，我做了好多功課。一邊沙盤推演，要怎麼樣才可以在最狹小的空間內暢快的擠奶，並且兼顧衛生問題。

於是在嘗試了幾種不同的容器後，最後最推崇的保鮮盒就出籠了，保鮮盒和密封袋真的是在外擠奶的好幫手， 正如文中所述，保鮮盒可以收納擠奶器，也可以當臨時桌子用，之後還可以當消毒器皿（下一章節即將揭曉）。

現在我用保鮮盒法， 還可以在擠奶的時候順便用手機看電視，只要把手機也丟進保鮮盒，面朝上，就可以當個快樂的低頭族了。

至於密封袋，我通常不買太貴的，因為只需要基本的密封能力，並不奢求它可耐高溫或是保鮮，有基本密封能力的袋子，放進集乳瓶後，可以阻隔味道，也可以防止奶汁溢出就好了。

出門的時候我會丟很多個密封袋在包包內，寶寶沒吃完的東西或怕弄髒的玩具， 也都可以先放進去， 非常的方便實用。

在公司，擠奶器的消毒

用保鮮盒收納
可以把擠奶器拆開
整齊收納

上班族的桌子，通常不大會有空間可以容納一個消毒器，所以上班族媽咪要如何用最方便的方法快速消毒每天至少兩次的擠奶器呢？

這些方法不只可以運用在上班族媽咪身上，平常外出旅遊也可以適用。無論使用哪種擠奶器，建議媽咪都可以準備大一點的保鮮盒作為收納，這樣收納整齊，而且擠奶的時候可以放置物品，同時之後也可以拿來當作消毒工具。

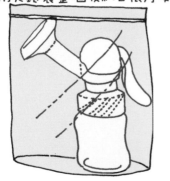

用夾鏈袋整個收納也很方便

或是有的媽咪習慣使用夾鏈袋把整個擠奶器放置進去，也是可以保持衛生。

擠奶器有分手動和電動，如果媽咪用的是喇叭罩子外接馬達的電動擠奶器，

那消毒起來就很輕鬆容易，只要把喇叭的部分拿去消毒即可。但如果是配件比較多的擠奶器，有幾個方法可以使用：

整個擠奶器丟至冰箱冷藏

擠奶器冰冰箱可以防止細菌孳生，但一定要用保鮮盒或密封袋包好，同時也可以防止冰箱的氣味沾上擠奶器。但回家一定要記得消毒。

熱水沖燙消毒法

煮沸的熱水直接拿來沖燙擠奶器，也是一個很好的消毒法，原理是運用熱水殺菌，不過因為無法持續高溫，所以殺菌效果有限，和放冰箱一樣，建議回家還是要用消毒器消毒。

微波爐消毒法

市面上眾多廠牌都有微波爐消毒器，消毒器內加水，運用微波爐的火力讓水變成水蒸氣，藉此殺死細菌，這樣的道理就和蒸氣消毒鍋差不多。但如果不想要買個微波爐消毒器放在公司，也有幾個替代方案可以進行微波爐消毒法：

使用密封盒

記得要買可以微波使用的，密封盒真是太方便了，也可以當作收納＆擠奶桌＆消毒盒。

把所有的配件先用水洗過丟入消毒盒內

加水約兩分滿。蓋子不要扣緊，只需要輕合著。

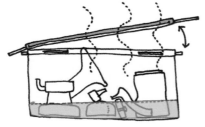

依照功率不同，自行調整時間

原則上三到四分鐘就可以產生水蒸氣。

結束後把水倒出

如果有奶瓶夾還可以一個個把配件夾出甩掉水分，還在溫熱狀況的配件很容易就會自行蒸發乾。

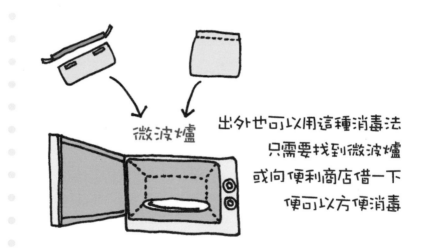

微波爐

出外也可以用這種消毒法
只需要找到微波爐
或向便利商店借一下
便可以方便消毒

市面上也有賣微波爐消毒袋，可重複使用約20次；但千萬不要用一般的夾鏈袋就丟進微波爐，否則會有塑膠熔化的問題。

我的
心得分享

詢問很多在職場工作的前輩媽咪們，大部分都是直接把擠奶器冰冰箱或是用熱水沖洗，不過正因為我的寶寶很容易過敏，所以我對給寶寶喝的東西有莫名的消毒執著。

我研究了幾個網站，看到其實日本很風行微波爐消毒法，這在台灣還並不普及，很多媽媽和我說：「微波爐用多了不好吧？」我又參考了很多奶瓶後面的標識，都有說明可以微波爐消毒，證明了這真的是一個乾淨又安全的消毒方法。

研究過市面上微波爐消毒器的原理，不外乎是使用微波爐產生的蒸氣做為快速消毒的方法，所以我便開始嘗試使用可微波的保鮮盒做為消毒工具。現在我開始迷上了這種快速的消毒法，在幾個夜晚，懶得等蒸氣消毒鍋緩慢消毒的時候，我就把東西洗洗全部丟微波爐了。

上班後如何維繫親子感情

開始上班前，一定會有一段不捨的時間，寶寶才那麼小，就要把他託付給別人了，為娘的總是像心頭一塊肉要被割捨。

正因為如此，我們更要把握與寶寶相處的每段時間，讓寶寶可以與我們有最親密的親子感情交流。這樣寶寶在託付給別人照護的時間，希望寶寶不會輕易忘記最親愛的媽咪。

媽媽的味道和媽媽的聲音

母嬰親善醫院，會在寶寶出生的那一刻，把寶寶放在媽媽的身上，藉此讓寶寶聽到媽媽的心跳，感覺媽媽的氣息。尤其是親餵母奶的媽媽，餵了一段時間後，在抱寶寶的時候，會強烈感覺到寶寶特別喜歡依附著媽媽的胸懷，聞著媽媽的奶味。

所以藉由寶寶這項本能，媽咪可以在上班前，拿寶寶玩具蹭著自己身體一段時間，讓玩具有著媽媽的味道，之後請照顧者給寶寶玩，一來寶寶不會忘記媽媽的味道，二來也可以讓寶寶比較有安全感。

和寶寶相處一段時間後，即便是還不會說話回應的寶寶，也會對媽媽的輕柔呼喚特別有興趣。所以媽媽有空的話，可以在上班空檔，多打電話給保母或其他主要照顧者，請她們幫妳把話筒拿給寶寶聽，寶寶看似有聽沒有懂，但久了之後，寶寶也會知道電話對面的聲音是最愛的媽咪了。

每日的按摩

醫學上已經證實，嬰兒透過按摩，可以幫助感官刺激，而且可以紓壓增加免疫力，有些寶寶藉由按摩的幫助，還可以增加體重。由此可知嬰兒按摩是很能促進媽媽和嬰兒親子關係的好媒介。

需要上班的媽咪們每天可以利用早晚時間來「用功」，早上因為要上班時間比較不夠，寶寶喝完奶後，消化一下，大概5-10分鐘，避開腹部的位置，稍微按摩一下；晚上時間比較充足，可以在寶寶洗完澡舒服的時候，幫寶寶做完整的全套按摩15分鐘。

要準備的東西

毛巾

當寶寶脫光的時候，可以用毛巾稍微遮一下還沒有推到的部位，寶寶才不會太冷。

按摩油

可以準備嬰兒乳液，或是無添加的乳液或油；如果寶寶有脹氣問題，可以多準備一個脹氣膏（也稱作舒暢膏）；寶寶有紅屁股尿布疹問題的可以準備含有氧化鋅的屁屁膏（氧化鋅可以阻隔尿液與糞便對皮膚的刺激），在按摩屁股的時候用屁屁膏輕柔的塗抹在屁股尿布疹位置上。

準備環境

爸媽可以準備在自己的大床上幫寶寶按摩，或是可以讓寶寶躺在平常爬行的墊子上，鋪塊舒適乾淨的大毛巾，室內溫度調整至26度左右，但冷氣或電扇不可直吹寶寶；放一點柔和的音樂，也可以讓寶寶享受一下按摩的快樂。

開始輕柔快樂的按摩

臉部按摩

雙手搓熱乳液，用雙手四根手指頭，分別固定寶寶左右兩側的頭，並用兩根大拇指同時沿著寶寶的嘴巴旁邊往外側畫出一個弧形。這可以幫助寶寶放鬆舒緩因為大哭而造成的臉部肌肉僵硬。

四肢按摩

乳液先倒在自己的手上搓熱，輕輕拉起寶寶的手，從腋窩開始往手指頭延伸，重點是要慢慢來，不要一下子嚇到寶寶。之後輕輕的捏捏寶寶每根手指頭；腳也是從大腿根部，開始往腳趾頭推，可以稍微輕輕滑轉一下手，讓寶寶更舒服。

腹部按摩

注意腹部按摩要避開寶寶吃飯的時間，當寶寶沒有飽脹的時候，雙手搓熱乳液，兩手交叉從胸部往腹部呈X狀輕柔向下滑，這樣可以消除寶寶的脹氣。

如果寶寶平常脹氣嚴重的話，媽咪可以多準備脹氣膏，在寶寶的肚臍四周，順時針方式輕推，但要注意避開肚臍。

背部按摩

把寶寶輕輕翻轉成爬的樣子，雙手先把油搓熱，輕輕由上往下，成弧線推寶寶背脊旁的肌肉，最後可以輕輕的從脖子到屁股，順著脊椎畫Z字型。

假日帶寶寶出遊

　　我媽媽是個很忙碌的上班族，還記得小時候最快樂的記憶，就是在媽媽有空的時間，陪她去游泳，等到媽媽游泳完，會帶我去附近的店家吃一點東西，或是去麵包店買個布丁，這都是我幼年時最美好的回憶。

　　所以，假日如果媽媽要出門，千萬不要覺得因為帶小孩要準備的東西很多，而選擇把孩子留在家裡給父母或公

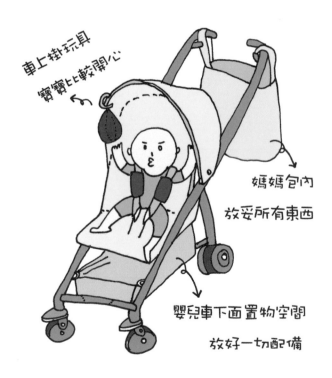

車上掛玩具

寶寶比較開心

媽媽包內

放妥所有東西

嬰兒車下面置物空間

放好一切配備

婆照顧，一個想養好好
和小孩培養感情的媽
媽，最重要的是在每一
段時間，都把小孩帶在

哺乳披巾
讓媽媽不害羞

安心的
在外哺乳吧

身邊，讓寶寶參與你的每個活動。

　　帶嬰兒出門其實不難，如果是要搭大眾運輸工具的媽媽，推個推車，車上就可以放很多東西了，再重也難不倒妳。一般我的習慣是，雖然使用推車，還是會把嬰兒背袋也帶出門，有時候寶寶不願意被裝在車子裡的時候，也可以用背帶背小孩，這樣雙手還是可以空出來。（要帶小孩出門的更多配備絕招，可往前翻閱「媽媽包」的內容。）

　　喝母乳的媽媽，出門在外依然可以好好的餵食寶寶，目前法律規定，公共場合都必須要有哺乳室，這對於母乳媽媽而言真的是一大福音，現在的哺乳室已經非常普及，除非媽媽們是要去比較偏僻的地方，這個時候，其實也不用擔心，使用哺乳背巾加上圍巾的方法，或是直接買哺乳披肩都是很好的方法。

從確定自己要返回職場的時間後，我就特別
珍惜和寶寶相處的機會。除了可利用這些時
間好好的培養寶寶作息正常，另外也運用這
些時間培養寶寶和我的感情。

開始準備返回職場前，可以先訓練寶寶習慣
媽媽不在身邊，不然忽然有一天把寶寶託付
給別人，小小的孩子也是會承受不住的。所以
先讓寶寶熟悉日後的主要照顧者是很重要的；
如果是家裡的長輩，因為之前就認識了，所以
問題不大；但如果是要交給保母照顧的話，在
剛開始可以先帶寶寶去保母家或是托嬰中心
走走，讓寶寶在有媽媽的依靠下認識環境。

準備返回職場前，可以先留幾天練習，讓寶
寶習慣媽媽不在身邊。玩遊戲的時候，可以
和寶寶說：「再見！」然後離開房間一下再進
來，讓寶寶知道媽媽說了再見，也是會回來
的。之後可以進階一點，和寶寶說再見後，交
給家人照顧幾個小時，逐步讓寶寶習慣和了
解，媽媽說再見不是不要他。

平常只要一有時間，我就會和老公推著寶寶出門，即便是看展覽這種大家都說小孩一定不會懂的活動，我們也堅持要帶寶寶參與，重點是讓寶寶隨時都可以和爸媽在一起，感受到爸媽的愛。

雖說帶小孩出門，真的和之前只有兩個人出門差別很大，大包小包之外，時間一到還要馬上餵寶寶喝奶，還有台灣的道路真的很難推嬰兒車。不過，每次推寶寶出門看到他高興時候的微笑，一切就都值得了，這真的是甜蜜的負擔，再重都不怕。

國家圖書館出版品預行編目(CIP)資料

不一樣時代,新手媽咪要的不一樣 /

蔡佩樺作. -- 初版. -- 臺北市；大塊文化, 2012.12

面；　公分. -- (smail；110)

ISBN 978-986-213-396-5(平裝)

1.懷孕 2.生產 3.生活指導

429.12　　　　　　　　　101023206

LOCUS

LOCUS

LOCUS